Sushi

옛날엔 스시라고 하면 식초를 넣어 시게 된 밥이라고 생각했다.
오늘날 스시는 찰진 밥과 여러 재료를 함께 곁들인,
특히 날생선이 곁들어진 밥이라고 생각한다.
스시는 맛이 있을 뿐만 아니라 몸에도 좋다.
생선과 해산물은 영양가가 높은 단백질과 비타민,
무기질을 함유하고 있기 때문에 영양가는 많은데 비해
지방과 칼로리는 별로 없다.

국립중앙도서관 출판시도서목록(CIP)

스시 / 지은이: 안드레아스 푸르트마이르, 카이 메베스.
-- 파주 : 범우사, 2006
  p. ;   cm

원서명: Sushi
원저자명: Furtmayr, Andreas
원저자명: Mewes, Kai
ISBN 89-08-04373-X 04590 : ₩8000
ISBN 89-08-04367-5(세트)

594.53-KDC4
641.5952-DDC21   CIP2006000900

요리명 안내 – 개요 4

이 책의 요리법과 그 특징을 알아본다.

스시에 대하여 6

스시란 무엇인가? 6
스시의 발명 6
셀 수 없이 무한한 변형 7
스시는 맛있는 건강식품 7
스시는 이렇게 즐길 수 있다 7
무엇으로 먹을 것인가 7
어울리는 음료 7
작은 스시 사전 8
스시의 기본 밥짓기 10

니기리스시 12

간소함이 중요하다 12
재료 13
변형 13
생선의 구매와 준비 13
대접 13
제대로 맛보기 13
요리법 14~23

마키스시 24

시각적인 멋과 맛있는 김밥 24
전통적, 아니면 프리스타일로? 24
마키스시-모양 25
도움말 25
요리법 26~37

눈으로 음미하는 스시 38

완성된 모양 38
우라마키 – 안과 밖이 바뀐 스시 39
데마키 – 안이 꽉 찬 봉지 모양의 스시 39
사시미 – 밥이 없는 스시 39
키라시(회덮밥) – 그릇에 담긴 스시 39
요리법 40~51

새로운 스시 52

스시 – 퓨전 요리 52
창조적인 도전 53
모양의 변화 53
재료에 대한 것 53
요리법 54~63

요리명	페이지	열량/양	속도	세련됨	지방연소	손님용	가격 저렴	준비도	용이도	비타민
니기리스시와 참치	14		●	●						
니기리스시와 새우 오믈렛	16			●		●				
니기리스시와 마리나데를 바른 고등어	16				●			●		
니기리스시와 송어	18		●	●						
니기리스시와 허넙치	18			●			●			
니기리스시와 농어	19		●			●				
니기리스시와 숙성 연어	19					●		●		
니기리스시와 소금에 절인 정어리	20				●	●				
니기리스시를 느타리버섯과 두부로	20							●	●	
니기리스시와 오징어	22		●				●			
니기리스시와 야곱 조개	22					●	●			
구운 연어와 김장파를 넣어 만든 호소마키	26				●			●		
아보카도와 참깨로 만든 호소마키	28								●	●
호박과 무의 싹으로 만든 호소마키	28								●	●
호소마키와 참치	30		●							●
게맛살과 루콜라로 만든 호소마키	30					●				●
두부와 표고버섯으로 만든 후도마키	32				●				●	
오믈렛과 게맛살, 당근을 넣은 후도마키	32				●			●		
무와 훈제 송어로 만든 후도마키	34			●				●		
송어 캐비어로 만든 군칸마키	34		●							●
훈제 뱀장어 크림을 얹은 군칸마키	36		●							●
섭조개를 얹은 군칸마키	36				●	●				

Gu Rezept

요리명	페이지	열량/양	속도	세련됨	지방연소	손님용	가격 저렴	준비도	용이도	비타민
게맛살과 아보카도를 넣은 우라마키	40		●			●				
다진 참치를 넣은 우라마키	42			●		●				
연어와 파를 넣은 우라마키	42				●	●				
아스파라거스와 버섯이 든 왕데마키	44					●				
연어와 아보카도를 넣은 왕데마키	44		●	●						
새우와 오이, 무를 넣은 작은 데마키	46					●	●			
강낭콩과 고등어를 넣은 작은 데마키	46		●		●					
농어와 야곱 조개로 만든 사시미	48				●	●				
굴, 참치, 연어로 만든 사시미	48			●				●		
연어와 키라시	50		●			●				
훈제 생선과 키라시	50			●				●		
꿀, 겨자와 연어볼	54			●				●		
굴과 리메테 마요네즈로 만든 군칸마키	54					●				●
닭과 게살로 만든 우라마키	56			●			●			
검정쌀과 꼴뚜기로 만든 우라마키	56				●	●				
호소마키-카프레제	58							●	●	
소고기로 만든 니기리스시	58			●				●		
청어와 오이, 무로 만든 후도마키	60			●				●		
오리 가슴살과 미린-자두로 만든 왕데마키	60				●		●			
양고기와 오그랑 배추로 만든 작은 데마키	62				●		●			
붉은 사탕무와 루콜라로 만든 호소마키	62					●			●	

Wegweiser

스시란 무엇이고, 어디서 생겨났고, 또 어떤 재료들이 들어있으며, 어떻게 먹는 것인가?

니기리, 와사비, 데마키. 여러분은 도통 무슨 말인지 모르겠다구요? 이제부터 스시에 관한 기본적인 상식을 알아봅시다.

스시에 대하여 ······

스시란 무엇인가?

옛날엔 스시라고 하면 식초를 넣어 시게 된 밥이라고 생각했다. 오늘날 스시는 찰진 밥과 여러 재료를 함께 곁들인, 특히 날생선이 곁들어진 밥이라고 생각한다.

스시의 발명

몇 세기 전부터 동남아시아에서는 생선과 조개를 소금에 절여 여기에 밥을 얹어놓았었다. 이런 식으로 공기가 들어오지 못하게 한 채 발효시켜 해산물을 오랫동안 보존하였는데, 이 때에 밥은 버려졌다. 그 후 밥에 식초를 넣어서 생선이 더 빨리 연해지고, 밥도 나중에 먹을 수 있게 되었다. 실제로 스시를 발명한 사람들은 동남아시아의 상인들인데, 그들은 맨 처음으로 식초를 넣은 밥에 날생선을 곁들여 팔기 시작했다.

전통적인 스시의 기본 재료 : 신맛이 나게 지은 밥, 날 생선, 김

셀 수 없이 무한한 변형

스시라고 보통 말하는 것은 '니기리스시'를 뜻한다. 즉 작은 밥 반죽 위에 날생선이 얹혀진 예술작품. 하지만 특별한 제한은 없다. 그렇다면 스시를 어린 청어, 봄 양파, 모짜렐라 치즈와 토마토나 구운 오리가슴 살과 함께 요리해 먹는 것은 어떠한가?

솔직히 말하자면 전통적인 스시를 좋아하는 일본 사람들은 이 책에 소개되고 있는 응용된 스시를 싫어할지도 모른다. 왜냐하면 스시는 단순히 밥 위에 생선을 얹어놓은 것이 아니라, 일본문화의 한 부분이기 때문이다. 때문에 이 책을 통해서 스시 요리사가 될 수 있는 것은 아니지만, 스시의 기본 아이디어를 서구적으로 해석함으로써 독자의 입맛에도 맞고 재미도 느끼게 될 것이다. 요리의 각 단계를 자세히 설명하고 있기 때문에 조금만 연습해보면 누구나 손쉽게 요리할 수 있다.

스시는 맛있는 건강식품

스시는 맛이 있을 뿐만 아니라 몸에도 좋다. 생선과 해산물은 영양가가 높은 단백질과 비타민, 무기질을 함유하고 있기 때문에 영양가는 많은데 비해 지방과 칼로리는 별로 없다. 밥과 채소는 탄수화물, 불포화 물질, 비타민 등 다양한 무기질을, 그리고 해조 잎은 요오드를 많이 함유하고 있다.

스시는 이렇게 즐길 수 있다

이것이 없어서는 안 된다.
스시에는 간장과 와사비, 그리고 초생강이 꼭 있어야 한다.

우선 작은 그릇에 간장을 약간 넣고, 기호에 따라 와사비 페이스트를 넣는다. 이 페이스트는 일본 녹색 식물인 고추냉이로 만들어져 있는데 매우 맵다. 생선의 맛을 느끼기 위해서 스시에 이 소스를 아주 약간만 적셔서 먹어야한다. 소금과 단 식초로 생강을 절여 만든 초생강조각은 스시와 함께 도중에 하나씩 먹으면 입안을 신선하게 해준다.

무엇으로 먹을 것인가

스시는 손으로도 먹을 수 있고, 젓가락으로도 먹을 수 있다. 데마키스시는 예외인데, 항상 손으로 먹어야 한다. 반면 사시미는 젓가락으로만 먹을 수 있다. 스시는 보통 하나를 한 번에 먹는다. 이빨로 반을 잘라 먹으려고 하면 소스가 옷에 튀기 때문이다. 여기에도 데마키스시는 마음대로 떼어먹을 수 있으므로 예외가 된다.

어울리는 음료

녹차나 일본 사께(정종)를 같이 마시면 세련되게 먹을 수 있다. 사께는 뜨거운 물에 담가 미지근한 상태로 마신다. 맥주나 탄산수와 함께 먹을 수도 있다.

전통적인 별미

작은 조각, 호소마키, 원통모양, 봉지모양

니기리스시(손으로 밥을 뭉쳐서 만든 스시)

전통적인 모양. 생선, 새우 등은 와사비 페이스트를 바르고, 밥 뭉치 위에 얹혀진다. 니기리스시는 두개씩 대접된다.

마키스시(김밥형 스시)

안쪽에는 다양한 재료들이 있고, 다음에는 밥, 밖은 김이 둘러싸고 있다. 작은 호소마키 안에는 1~2개의 재료가 있고, 한 호소마키는 6개의 조각으로 이루어져 있다. 두꺼운 후도마키-호소마키는 3~5개의 재료를 함유하고 있고, 그것은 8조각으로 잘라진다.

군칸마키(원통 모양으로 만들고 김을 둘러 만든 스시)

말랑말랑한 속으로 채워진 작은 조각. 밥을 아래에 깔고, 김으로 그 밥을 둘러싸 원통모양으로 만들며, 밥 위에 연어알과 같은 재료를 얹는다.

데마키(나팔꽃 모양의 스시)

작은 김으로 된 봉지 스시. 밥이나 다른 재료들로 이루어져 있다.

우라마키(안과 밖이 바뀐 스시)

안과 밖이 바뀐다. 즉 가운데에 있는 재료를 김으로 싸고 그 다음을 밥으로 싸서 안과 밖이 바뀌었다고 말한다.

다른 스시모양과 스시재료

사시미

밥 없는 스시. 날생선 조각이 채소와 함께 예술적으로 판이나 스시판 위에 놓여진다.

키라시(회덮밥)

대부분 따뜻한 밥과 접시에 담긴 생선재료가 함께 대접된다.

초생강(가리)

가리(Gari)는 Gari Shoga(초생강)의 약자로, 식품점에서 완성된 상태로 살 수 있다.

와사비

아주 매운 일본의 고추냉이. 신선한 것으로는 거의 살 수 없는데, 완성된 페이스트나 물과 섞을 수 있는 가루 형태로 된 것을 구입한다. 와사비가루 2ts과 물 3ts을 섞고 잠깐 불린다.

식초 물(Tezu)

밥알이 손에 달라붙지 않기 위해 필요하다. 250㎖의 물을 4TS의 쌀 식초와 섞고, 그것을 중간 중간 손에 묻힌다. 마키스시를 자를 때는 칼에 이것을 바른다.

스시요리를 위한 여러 가지 재료

직접 만들어 보는 스시 파티

일본 간장(Shoyu)
다른 간장처럼 발효된 콩으로 만드는데, 중국 간장처럼 짜지는 않다.

미린
일본의 맛술(정종)로 맛이 달다.

다시
생선으로 만든 기본 육수인데 동양음식점에서 완성된 상태로 살 수 있다.

김
건조되고 판판하게 만들어진 해조이고, 일부 스시의 겉으로 쓰인다. 시중에서 구워진 상태로 팔기도 하는데, 안 구워졌으면 가스레인지 위에서 향이 나고 바삭바삭하게 될 때까지 굽는다.

콤부(다시마)
건조된 해조인데, 밥을 할 때 향기가 나노록 넣어 주는 것이다.

스시요리를 위해 필수적으로 들어가는 모든 재료들은 대형 슈퍼마켓이나 할인마트 그리고 백화점 등에서 구입할 수 있다.

재료가 모두 준비되고, 손님들이 직접 만들 수 있는 조건 아래, 손님들을 스시 파티에 초대해 보자! 걱정할 필요는 없다.

스시를 만드는 일은 생각보다 쉽고 약간만 연습하면 누구나 개성적인 스시를 만들 수 있다.

일단 모든 사람들에게 김말이와 손을 적실 식초 물을 주고 시작을 한다.

데마키 등으로 하는 저녁식사는 유럽인들에게는 친숙한 폰듀와 함께 보다 더 즐거워 질 수 있고, 속재료가 남으면 집에 가져갈 수 있는 큰 후도마키를 만들 수 있다.

될 수 있으면 스시를 빨리 먹는 것이 좋다. 생선이 신선해야 스시가 가장 맛있기 때문이다. 스시가 남을 경우에는 투명 호일로 싸서 선선한 곳에 놓는데, 냉장고에는 딱딱해지므로 넣지 않는게 좋다.

스시의 기본 밥짓기

완벽한 스시를 만들기 위해서는 둥근 쌀(우리가 일반적으로 먹는 쌀)을 사용하는 것이 가장 좋다. 긴 쌀과 데쳐 놓은 쌀에 비해 둥근 쌀은 찌고 난 후 끈적끈적해진다. 서구에서는 쌀의 끈적한 특징을 좋아하지 않지만, 스시에서는 꼭 필요하다. 왜냐하면 끈적끈적한 밥으로 모양을 더 잘 낼 수 있기 때문이다.

토요일이나 일요일에 갑자기 스시를 먹고 싶으면 찰기 있는 쌀이나 이탈리아의 리조또 쌀을 대신 사용해도 된다. 밥을 짓는데 필요한 쌀의 양은 이 책의 주요리인 두 가지 조리법에 맞게 준비한다. 예를 들어 8조각의 니기리스시와 24조각의 호소마키가 있다. 얼마나 많은 친구들을 기쁘게 하느냐는 어떤 종류의 요리인가와 스시를 얼마나 먹고 싶어하느냐에 달려 있다. 스시를 전채요리로 대접할 때에는 1인당 서로 다른 2조각의 니기리스시가 알맞다. 또는 한 종류의 니기리스시 2조각과 3조각에 해당하는 1/2개의호소마키 가 적당하다. 스시가 주요리가 될 때에는 1인당 3~4 종류의 니기리스시 2조각씩 그리고 여기에 1개의 호소마키 전체를 내놓는다.

재료

스시-쌀 250g | 물 300㎖

기호에 따라 작은 조각의(약 4×4cm) 다시마 1조각

현미 식초 2TS | 설탕 2TS | 소금 1ts

요리시간 : 45분

전체 - 약 927Kcal
단백질 19g / 지방 5g / 탄수화물 202g

❶ 쌀을 체에 넣어서 흐르는 차가운 물에 씻는데, 마지막 물이 맑아질 때까지 씻는다. 물기를 뺀다.

❷ 쌀과 300㎖의 물, 다시마를 냄비에 넣고 불린다. 쌀을 강한 열에서 2분 동안 끓이고, 약한 열에서 10분 동안 뚜껑을 덮은 상태로 익을 때까지 뜸을 들인다.

❸ 불을 끄고 밥이 든 냄비를 뚜껑 대신 부엌용 수건으로 덮어서 10분 동안 식힌다.

❹ 그 사이에 식초, 설탕과 소금을 작은 냄비에 넣고, 완전히 녹을 때까지 데운 후 식힌다.

❺ 밥을 그릇에 넣는다(전통적으로는 나무로 된 그릇에 넣는데 사기그릇도 괜찮다). 다시마를 빼내고, 밥을 주걱으로 뒤집으면서, 식초 혼합물을 더한다.

❻ 밥을 더 잘 식히기 위해 밥에 고랑을 파고 주걱으로 부채질한다. 밥이 식기까지 약 10분이 걸린다. 전통적인 방법을 이용하고 싶지 않으면 드라이기의 차가운 바람으로 식혀도 좋다. 하지만 끈적끈적한 상태로 유지하기 위해 냉장고에 넣거나 식힐 때 주걱으로 너무 세게 뒤집지 않도록 한다.

❼ 만드는 도중에 스시 밥이 건조되지 않도록 물에 적신 천을 덮어놓는다.

니기리스시

일본은 먹을 것이 풍부한 바다로 둘러싸여 있고, 벼 농사를 하기 때문에 신선한 생선과 밥이 일본을 대 표하는 요리로 자리를 잡은 것은 너무나 당연한 일 이다.

스시를 말하면 보통 사람들은 니기리스시를 생각한 다. 니기리스시는 별미로 동그란 모양의 밥 위에 생 선조각을 얹혀놓은 것이다.

간소함이 중요하다

사실 요리를 배우려는 일본사람이 요리사가 되기까 지는 몇 년이 걸리는데, 니기리스시는 처음 하는 사 람도 약간만 연습하면 할 수 있다. 여기에서 본래 재 료의 자연스런 향기를 보존하는 일본음식의 특징이 특별히 강조된다. 그리고 니기리스시는 작아서 아주 예쁘다.

질은 높고 양은 적게 : 니기리스시에는 적지만 엄선된 재료들 만 쓰인다.

재료

일본요리는 보는 재미도 있어야 한다. 전통적인 니기리스시의 기본적인 재료는 밥, 날생선과 와사비이다. 다양한 색깔의 생선이 덮여진 스시는 아주 매력적이다. 붉은 살 참치와 흰 살 농어, 푸른 살을 갖고 있는 고등어와 송어, 오렌지 빛 살을 갖고 있는 연어가 있다. 밥과 그것을 덮은 고기 사이에는 와사비를 넣어서 간을 맞춰준다. 첨가물로 간장과 초생강이 없으면 안 된다. 생선부분만 간장을 묻혀야 하는데, 밥이 간장에 닿으면 간장을 너무 많이 빨아들여 생선의 향을 느끼지 못하게 된다. 게다가 간장이 묻으면 밥의 모양이 부서지기 쉽다. 초생강은 다른 종류의 스시를 맛보기 전에 맛을 중화시키기 위해 먹거나, 혹은 구강을 신선하게 하기 위해서도 먹는다.

변형

니기리스시는 날생선으로만 만드는 것은 아니다. 원하는 재료를 써서 맛있기만 하면 모든 것이 허용된다. 이 장에서는 니기리스시에 오믈렛, 조개와 오징어를 이용해보기도 하고, 맵게 한 연어와 함께 하거나 채식 요리법도 다같이 볼 수 있을 것이다. 특히 재미있는 것은 스시의 크기가 다양할 수 있다는 것이다. 그 중 판판하고 둥근 작은 공 모양의 군칸마키는 니기리스시의 변형물로서 오랫동안 일본에 자리잡은 것이다. 이책의 23p에서 더 자세한 것을 알 수 있다.

생선의 구매와 준비

상대적으로 살이 단단하고, 탄력성이 있고, 기분 좋은 해조 냄새를 풍기는 생선이 신선한 것이다. 강한 생선냄새를 풍기는 생선은 절대로 쓰면 안 된다. 가시가 있는 날생선 살도 절대 안 된다. 따라서 살을 자르기 전에 핀셋으로 작은 가시까지도 모두 없애야 한다. 적합한 핀셋은 정육점이나 가정용품 가게에 있다.

대접

스시는 상온으로 먹어야 하기 때문에 만든 것은 냉장고에 넣고 먹기 바로 직전에 꺼낸다. 더 좋은 방법은 먹기 바로 직전에 만드는 것이다. 이 때에는 준비된 재료를 너무 오래 보관해 놓으면 안 된다.

제대로 맛보기

일본의 스시는 손으로 집어먹을 수 있는 요리로서 파티때 대접하기에도 좋다. 엄지와 둘째, 셋째 손가락 사이에 넣어서, 생선이 있는 쪽을 간장에 찍고 입에 넣는다.

다양한 색깔과 향이 시각적인 미와 맛의 완벽한 결합으로 이루어지는 비밀이다.

니기리스시와 참치

❶ 참치의 물기를 빼고, 술이 있는 부분을 반듯하게 자른다. 참치 살을 뾰족한 칼로 힘줄을 가로로 자르고, 될 수 있으면 모두 3×5cm의 조각으로 자른다.

❷ 와사비가루를 3ts의 물과 섞고 잠깐 불린다. 손가락으로 와사비 페이스트를 생선조각 중간에 바른다.

❸ 손을 식초 물로 적시고, 스시 밥을 8개의 약간 긴 뭉치로 만든다. 중간 중간에 밥알이 손에 묻지 않도록 식초 물을 바른다. 그리고 스시 맛에 영향을 끼칠 수 있으므로 밥 뭉치를 너무 단단하게 만들지 말것.

❹ 와사비가 묻은 쪽을 위로 한 참치조각을 왼손에 놓고, 밥 뭉치를 그 위에다가 놓고 엄지로 누른다.

8조각		
신선한 참치 살 150g		
와사비가루 2ts ǀ 식초 물		
스시 밥 125g		
대접할 때: 간장 ǀ 초생강		

요리시간 : 30분

한 조각 당 : 102Kcal
단백질 5g ǀ 지방 3g ǀ 탄수화물 13g

❺ 다른 손으로 옮긴 스시를 뒤집고, 생선조각을 위에서 아래로 눌러 균형 잡힌 모양으로 만들고, 밥과 생선이 붙도록 둘째 손가락으로 생선 쪽을 약간 둥글게 눌러서 전형적인 니기리스시 모양이 되도록 한다.

❻ 이런 식으로 모든 스시를 만든다. 스시를 두개씩 접시나 전통적인 스시판 위에 놓는다. 여기에 남은 와사비 페이스트, 간장과 초생강을 같이 대접한다.

> 힌트!
> 참치라고 다 같은 참치가 아니다!
> 생선을 아는 사람과 생선판매원은 잘 구분할 수 있다. 가장 인기가 있는 Otoro(오도로)와 Chutoro(주도로), 그리고 Akami(아카미) 부위가 있는데 Akami(아카미)는 밝은 색이고 지방이 풍부하고 비싸다. 역시 배 부위인 주도로는 그렇게 비싸지 않고, 약간 밝은 색이면서 오도로보다 지방이 없는 편이다. 아카미는 가시 중간 부분에서 선명한 붉은 색을 띠면서 지방이 없는 생선 살이다.

니기리스시와 새우 오믈렛

❶ 새우를 씻고, 물기를 뺀 후 섬세하게 다진다. 다시, 간장, 설탕, 미린과 소금을 섞고, 설탕과 소금이 녹을 때까지 저어준다. 계란과 새우를 잘 섞는데, 거품이 일어날 때까지 젓지는 않는다.

❷ 코팅된 작은 후라이팬(지름이 16~18cm)에 기름을 넣어 데우고, 계란혼합물을 부어 약한 불에서 15분 동안 익혀 오믈렛을 만든다.

❸ 오믈렛을 식히고, 3×5cm의 사각형 8개로 자른다. 김은 1cm 넓이의 줄로 자른다. 와사비가루를 물 3ts과 섞고 잠깐 불린다. 손가락으로 와사비 페이스트를 각 오믈렛 조각에 바른다.

❹ 손에 식초 물을 바르고, 스시 밥을 8개의 약간 긴 뭉치로 만든다. 와사비 바른 면을 위로한 각 오믈렛 조각을 왼쪽 손위에 놓고, 밥 뭉치를 그 위에 얹는다. 12p에서 설명했던 것처럼 만든다.

❺ 스시를 뒤집고 가운데를 김 줄로 감고, 줄 끝을 밥알로 붙인다. 남은 와사비 페이스트, 간장과 생강을 함께 대접한다.

8조각
껍질이 벗겨진 생새우 50g
인스턴트-다시(생선 육수) 50㎖
간장 1ts | 설탕 2TS
미린 2TS | 약간의 소금
계란 5개 | 기름 1TS
구워진 김 1/2장
와사비가루 2ts | 식초 물
스시 밥 125g
고정할 수 있는 밥알 조금
대접할 때 : 간장 | 초생강

요리시간 : 45분

각 조각 당 : 142Kcal
단백질 6g / 지방 5g / 탄수화물 17g

니기리스시와 마리나데를 바른 고등어

❶ 고등어 살의 물기를 빼고 나머지 가시를 뺀다. 생선 살에 소금을 바르고 덮은 상태에서 3~5시간 동안 차게 둔 후, 흐르는 찬물에 넣어 소금기를 없애고, 고등어 살의 물기를 뺀다.

❷ 레몬을 뜨거운 물로 씻고, 물기를 빼서 가운데에서 4개의 얇은 조각으로 자르고, 나중의 장식을 위해 잠시 옆에 놓는다. 나머지 레몬조각으로부터 즙을 짜고, 그 즙을 쌀 식초, 미린, 설탕과 섞어서 설탕이 녹을 때까지 저어준다.

❸ 생선 살을 그릇에 놓고 마리나데를 부어 1시간 동안 재어두는데, 중간에 뒤집어준다. 그후 생선의 물기를 빼고, 고등어 살을 칼로 8개의 같은 모양으로 자른다.

❹ 와사비가루를 물 3ts과 섞고 잠깐 불린다. 손가락으로 약간의 와사비 페이스트를 생선조각의 중간에 바른다.

❺ 식초 물을 손에 바르고, 밥을 8개의 약간 긴 뭉치로 만든다.

❻ 와사비 바른 면을 위로해서 왼쪽 손 위에 생선조각을 얹은 후, 밥 뭉치를 그 위에 놓고 엄지로 누른다.

❼ 스시를 뒤집고 위 아래, 양쪽을 균형 잡히게 누른다(12p 참조).

❽ 이런 식으로 모든 스시를 만든다. 스시를 그릇 위에 놓고, 자른 레몬의 반 조각으로 장식을 하고, 남은 와사비 페이스트, 간장과 초생강을 같이 대접한다.

8조각
껍질이 있는 신선한 고등어 살
150g | 소금 3TS | 레몬 1개
현미 식초 5TS
미린 2TS | 설탕 2ts
와사비가루 2ts | 식초 물
스시 밥 125g
대접할 때 : 간장 | 초생강

각 조각 당 : 92Kcal
단백질 5g / 지방 2g / 탄수화물 13g

요리시간 : 30분
마리나데(양념)에 재는 시간 : 4~6시간

니기리스시와 송어

니기리스시와 혀넙치

8조각

| 신선한 송어 살 150g | 와사비가루 2ts | 식초 물 |

스시 밥 125g

대접을 위해 : 간장 | 초생강

❶ 생선의 가시와 물기를 없애고, 술이 있는 가장자리를 깨끗하게 자른다. 생선을 3×5cm 크기의 조각으로 약간 비스듬히 잘라 모두 8개를 만든다.

❷ 와사비가루를 3ts의 물과 섞고 잠깐 불린다. 페이스트 약간을 생선조각 가운데에 바른다.

❸ 손을 식초 물로 축이고, 스시 밥을 8개의 약간 긴 뭉치로 만든다. 각 생선조각의 와사비가 발라진 부분을 위로해서 왼손에 놓고, 밥 뭉치 하나를 그 위에 올려놓은 후 엄지로 누른다. 스시를 뒤집고 골고루 누른다(12p 참조).

❹ 이런 식으로 모든 스시를 만든다. 그 후 접시 위에 올려놓고, 남은 와사비 페이스트, 간장 그리고 초생강을 함께 대접한다.

8조각

| 신선한 혀넙치 살 150g | 와사비 가루 2ts | 식초 물 |

스시 밥 125g

대접을 위해 : 간장 | 초생강

❶ 생선의 가시와 물기를 없애고, 술이 있는 가장자리를 깨끗하게 자른다. 등심을 3×5cm 크기의 4조각으로 자른다.

❷ 와사비가루를 3ts의 물과 섞어 잠깐 불린다. 와사비 약간을 생선조각의 가운데에 바른다.

❸ 손을 식초 물로 축이고, 스시 밥을 8개의 약간 긴 뭉치로 만든다. 각 생선조각의 와사비가 발라진 부분을 위로해서 왼손에 놓고, 밥 뭉치 하나를 그 위에 올려놓고 엄지로 누른다. 스시를 뒤집고 골고루 누른다(12p 참조).

❹ 이런 식으로 모든 스시를 만든다. 그 후 접시 위에 올려놓고, 남은 와사비 페이스트, 간장 그리고 초생강을 함께 대접한다.

요리시간 : 30분

각 조각 당 : 94Kcal
단백질 6g / 지방 1g / 탄수화물 13g

요리시간 : 30분

각 조각 당 : 75Kcal
단백질 5g / 지방 1g / 탄수화물 13g

니기리스시와 농어

니기리스시와 숙성 연어

8조각		
신선한 농어 살 150g	와사비가루 2ts	식초 물
스시 밥 125g		
대접을 위해 : 간장	초생강	

❶ 생선의 가시와 물기를 없애고, 술이 있는 가장자리를 깨끗하게 자른다. 생선을 약간 비스듬히 3×5cm 크기의 조각으로 잘라 모두 8개를 만든다.
❷ 와사비가루를 3ts의 물과 섞고 잠깐 불린다. 페이스트 약간을 생선조각의 가운데에 바른다.
❸ 손을 식초 물로 축이고, 스시 밥을 8개의 약간 긴 뭉치로 만든다. 각 생선조각의 와사비가 발라진 부분을 위로해서 왼손에 놓고, 밥 뭉치 하나를 그 위에 올려놓은 후 엄지로 누른다. 스시를 뒤집고 골고루 누른다(12p 참조).
❹ 이런 식으로 모든 스시를 만든다. 그 후 접시 위에 올려놓고 남은 와사비 페이스트, 간장 그리고 초생강을 함께 대접한다.

8조각		
숙성 연어(Graved Lax) 150g	와사비가루 2ts	
식초 물	스시 밥 125g	
대접을 위해 : 간장	초생강	

❶ 연어의 가시와 물기를 없애고, 술이 있는 가장자리를 깨끗하게 자른다. 생선을 약간 비스듬히 3×5cm 크기의 조각으로 잘라 모두 8개를 만든다.
❷ 와사비가루를 3ts의 물로 섞고 잠깐 불린다. 페이스트 약간을 생선조각의 가운데에 바른다.
❸ 손을 식초 물로 축이고, 스시 밥을 8개의 약간 긴 뭉치로 만든다. 각 생선조각의 와사비가 발라진 부분을 위로해서 왼손에 놓고, 밥 뭉치 하나를 그 위에 올려놓은 후 엄지로 누른다. 스시를 뒤집고 골고루 누른다(12p 참조).
❹ 이런 식으로 모든 스시를 만든다. 그 후 접시 위에 올려놓고 남은 와사비 페이스트, 간장 그리고 초생강을 함께 대접한다.

요리시간 : 30분

각 조각 당 : 74Kcal
단백질 5g / 지방 1g / 탄수화물 13g

요리시간 : 30분

각 조각 당 : 113Kcal
단백질 7g / 지방 4g / 탄수화물 13g

니기리스시와 소금에 절인 정어리

❶ 정어리를 씻고, 머리와 지느러미를 없앤다. 중간 가시를 떼어내는데 살이 떨어지면 안 된다. 물기를 빼고 소금을 뿌린 다음 15분 동안 놔둔다. 흐르는 물에 소금을 씻어내고 물기를 뺀다.

❷ 생강은 껍질을 까서 섬세하게 갈아준다. 현미 식초, 미린, 설탕과 섞고 설탕이 녹을 때까지 저어준다. 정어리를 납작한 접시에 놓고, 마리나데를 부은 다음 30분 동안 놓아두는데 중간에 뒤집는다. 다음에는 정어리의 물기를 빼고, 피부에 칼로 자국을 남긴다.

❸ 와사비가루를 3ts의 물과 섞고 잠깐 불린다. 와사비 약간을 정어리조각의 가운데에 바른다.

❹ 손을 식초 물로 축이고, 스시 밥을 8개의 약간 긴 뭉치로 만든다. 각 생선조각의 와사비가 발라진 부분을 위로해서 왼손에 놓고, 밥 뭉치 하나를 그 위에 올려놓은 후 엄지로 누른다. 스시를 뒤집고 골고루 누른다(12p 참조).

❺ 이런 식으로 모든 스시를 만든다. 그 후 접시 위에 올려놓고, 남은 와사비, 간장 그리고 초생강을 함께 대접한다.

8조각
신선한 정어리 8개
소금 2TS | 호두크기의 생강 1개
현미 식초 5TS | 미린 2TS
설탕 2ts | 식초 물
와사비가루 2ts
스시 밥 125g
대접을 위해 : 간장 | 초생강

요리시간 : 30분 +
마리나데에 재는 시간 45분

각 조각 당 : 79Kcal
단백질 3g / 지방 1g / 탄수화물 15g

니기리스시를 느타리버섯과 두부로

❶ 느타리버섯을 씻고 채 썬다. 기름을 냄비에 넣고 버섯을 그 안에 잠깐 볶아 간장과 미린을 넣은 후 놔둔다. 두부를 8개의 같은 막대모양으로 자른다. 봄 양파를 씻고 섬세한 링 모양으로 자른다.

❷ 와사비가루를 3ts의 물과 섞고 잠깐 불린다. 김을 1cm 넓이의 8개의 줄로 자른다.

❸ 손을 식초 물로 축이고, 스시 밥을 8개의 약간 긴 뭉치로 만든다. 각 뭉치 위에 두부와 버섯줄기를 놓는다. 각 스시의 중간을 김 줄기로 감는다. 줄기 끝의 밥알로 고정시킨다.

❹ 스시에 봄 양파를 뿌리고, 남은 와사비, 간장과 초생강과 함께 대접한다.

8조각
느타리버섯 100g
기름 1TS | 간장 1TS
미린 1TS | 봄 양파 1개
단단한 두부 50g
와사비가루 2ts
군 김 1/2장 | 식초 물
스시 밥 125g
대접을 위해 : 간장 | 초생강

요리시간 : 30분

각 조각 당 : 81Kcal
단백질 2g / 지방 2g / 탄수화물 14g

 힌트! 이 스시는 훈제 된 두부를 사용하면 맛이 더 자극적이 된다.

니기리스시와 오징어

❶ 오징어를 세로로 잘라 씻고 물기를 빼서 3×5cm 크기의 조각 8개로 자른다. 각 조각에 세로로 칼자국을 남긴다.
❷ 와사비가루를 3ts의 물과 섞고 잠깐 불린다. 와사비 약간을 오징어조각의 매끄러운 부분에 바른다.
❸ 손을 식초 물로 축이고, 스시 밥을 8개의 약간 긴 뭉치로 만든다. 각 오징어조각의 와사비가 발라진 부분을 위로해서 왼손에 놓고, 밥 뭉치 하나를 그 위에 올려놓고 엄지로 누른다. 스시를 뒤집고 골고루 누른다(12p 참조).
❺ 이런 식으로 모든 스시를 만든다. 그 후 접시 위에 올려놓고, 남은 와사비와 간장 그리고 초생강을 함께 대접한다.

8조각
신선하고 깨끗한 오징어 몸통
부위 200g
와사비가루 2ts ㅣ 식초 물
스시 밥 125g
대접을 위해 : 간장 ㅣ 초생강

요리시간 : 30분

각 조각 당 : 76Kcal
단백질 5g / 지방 1g / 탄수화물 13g

힌트! 오징어를 자르기 전에 물과 함께 3분 정도 끓이는 것도 좋다.

니기리스시와 야곱 조개

❶ 하얀 조개의 폐각근만 사용된다(아래 힌트 참조). 이것을 깨끗하게 씻고, 물기를 빼서 반으로 자른다.
❷ 각 레몬조각을 4등분한다. 김을 1cm의 넓이의 8개의 줄로 자른다. 와사비가루를 3ts의 물과 섞고 잠깐 불린다.
❸ 와사비 약간을 야곱 조개조각의 매끄러운 부분에 바른다.
❹ 손을 식초 물로 축이고, 스시 밥을 8개의 약간 긴 뭉치로 만든다.
❺ 각 야곱 조개조각의 와사비가 발라진 부분을 위로해서 왼손에 놓고, 밥 뭉치 하나를 그 위에 올려놓고 엄지로 누른다.
❻ 스시를 뒤집고 골고루 누른다(12p 참조). 각각의 스시에 레몬을 얹혀놓고, 중간을 김 줄기로 감는다. 줄기의 끝을 밥알로 고정시킨다.
❼ 이런 식으로 모든 스시를 만든다. 그 후 전형적인 스시판 위에 올려놓고 약간의 일본된장을 놓는다. 거기에 남은 와사비와 간장 그리고 초생강을 함께 대접한다.

8조각
떼어낸 신선한 야곱 조개 4개
(냉동조개로 대체될 수 있음)
얇은 레몬 조각 2개 ㅣ
구운 김 1/2장
와사비가루 2ts ㅣ 식초 물
스시 밥 125g ㅣ 일본된장
대접을 위해 : 간장 ㅣ 초생강

요리시간 : 30분

각 조각 당 : 63 Kcal
단백질 2g / 지방 1g / 탄수화물 13g

 힌트! 야곱 조개의 오렌지색 알집(Corail)은 여기에는 쓰이지 않는다. 요리사는 이것을 약간 구워서 맛있게 먹을 수 있다.
알집을 이용할 수도 있는데, 물 100㎖, 간장 5TS, 미린 5TS과 설탕 2TS, 조개의 살과 알집을 모두 섞어 끓인다. 5초 후에 근육을 건져내고, 알집을 3분 동안 더 두었다가, 둘 다 얇게 썰어서 밥 뭉치 위에 올려놓는다.

'노리마키'라고도 불리우는 마키스시는 구운 김 위에 스시 밥을 골고루 펴놓고 가운데에 속을 얹어서, 나중에 그것을 대나무 발로 감싸는 일종의 김밥이다.

시각적인 멋과 맛있는 김밥

김밥은 같은 크기로 모두 6개를 자른다. 그러나 입맛을 돋우게 하거나 간식으로 먹을 수 있게 더 작은 크기로 자를 수 있다. 서양 사람들은 무엇보다도 김밥을 일본음식으로 더 많이 느끼고, 감동한다. 만들기가 복잡할 것 같지만 의외로 쉽다.

전통적, 아니면 프리스타일로?

김밥을 만드는 데에도 창의력을 마음껏 발휘할 수 있다. 참치와 아보카도(남미산 과일), 오이로 만든 전통적인 것도 좋지만, 가재 살, 껍질을 벗긴 피망과 여러가지 채소로도 만들 수도 있다. 그리고, 재료가 신선한지의 여부가 가장 중요하기 때문에 봄에 방금 밭에서 캐온 채소나 여름 강낭콩도 사용할 수 있다.

마키스시

김밥은 촘촘하고 단단하게 말아야 나중에 칼로 잘 썰 수 있다.

마키스시 - 모양

호소마키

이 작은 호소마키는 김 반장으로 만들고, 같은 크기의 3개로 자른다. 채식주의자들에게도 이 김밥을 만드는 방식이 이상적으로 여겨질 정 도다. 채소로만 속을 채운 이 작은 김밥은 맛에서도 훌륭할 뿐아니라, 보기에도 더할 나위 없이 근사하다.

후도마키

이것은 좀더 두꺼운 김 밥이다. 완전한 김 한 장으로 만들어지고, 그 속에는 3~5개 종류의 재료를 포함한다. 어떤 사람들은 만찬이 끝난 후 요리사들이 남은 재 료들을 김으로 말아서 먹었던 것이 나중에 알려져 후도마키가 되었다고 한다. 하지만 오늘날 이 별미에 남은 재료를 사용하는 경우는 드물다. 오히려 여기에 쓰이는 재료의 신선함이 더욱 중요해졌다. 이 김밥은 속의 색 혼합이 예쁠 때 인기가 절정에 이른다. 그러 니까 오이, 아보카도와 흰 살 생선만 넣을 게 아니 라, 색이 화려한 재료들을 넣어 만들어 보자. 아마 여기서 본인의 요리재능을 발견할 수도 있을 것이다.

군칸마키

이미 여러 종류의 김밥 을 다 한번씩은 맛본 사람과 또 어떤 모양의 김밥이 생길 수 있을까 를 고민하는 사람을 위 해 군칸마키의 조리법 을 추천한다. 이 김밥 의 특징은 잘 부서지는 재료를 사용할 수 있어서 맛, 색깔과 재료 선택의 폭이 훨씬 더 넓어진다는 것이 다. 니기리스시에서처럼 계란 모양의 밥 뭉치를 만들

고(그것은 바닥 역할을 한다), 그것을 잘 잘라진 김으로 감아서 원통모양이 되게 한 다음, 밥알로 끝을 고정 한다. 밥 위에 생긴 공간에 캐비어, 생선크림이나 성 게알 같이 연한 재료들을 넣을 수 있다.

우라마키

김밥의 또 다른 특별한 종류는 우라마키이다. 그것에 대해서는 이책 의 37p에서 설명하고 있다.

도움말

● 대나무로 만든 김발을 가지고 있지 않다면, 식초 물로 축인 단단한 호일을 사용할 수도 있다.

● 밥이 상온인지를 체크해 봐야 하는데, 너무 따뜻하 면 김이 눅눅해지고, 너무 차가우면 김밥이 단단하게 말아지지 않는다.

● 김밥은 될 수 있는 한 빨리 먹는 것이 좋은데, 바 삭바삭했던 김이 갈수록 눅눅해지기 때문에 맛이 없 어진다.

구운 연어와 김장파를 넣어 만든 호소마키

❶ 김장파를 씻고 물기를 없앤다. 와사비가루를 3ts의 물과 섞고 잠깐 불린다.

❷ 마리나데(양념)를 위해 간장, 미린, 현미 식초와 설탕을 섞고, 설탕이 녹을 때까지 젓는다. 연어를 마리나데에 넣고, 덮은 상태로 30분 동안 냉장고에 보관한다.

❸ 연어에 묻은 마리나데를 털어내고 밀가루를 뿌린다. 코팅 된 후라이팬에 기름을 넣고, 연어를 2분 동안 굽는다. 후라이팬에서 꺼내서 기름을 털어내고 칼로 긴 채로 썬다.

❹ 김의 매끄러운 부분을 아래로해서 김밥 발에 놓고, 김의 끝 부분과 김발의 끝 부분이 닿게 한다. 손을 식초 물로 축이고, 스시 밥을 1/2~1cm의 두께로 김 위에 골고루 펴놓는다. 양끝에 약간의 부분을 비워놓는다.

❺ 밥의 가운데에 재료를 놓을 수 있게 밥을 누르고 와사비를 바른다. 연어줄기의 4등분과 파줄기를 넣는다.

❼ 김발로 김밥을 만든다. 이때 속이 김밥 중앙에 있어야 하고, 모양이 단단하도록 조심한다.

❼ 김밥 양옆의 밥을 가지런히 누르고, 김 끝을 도마와 닿게 놓는다. 칼에 식초 물을 바르고, 김밥을 반으로 자른다. 반 나뉘어진 것을 옆에 놓고, 같은 크기의 3조각으로 자른다.

❽ 이런 방식으로 다른 김밥을 만든다. 보기 좋게 접시 위에 놓고, 남은 와사비 페이스트와 간장과 초생강을 함께 대접한다.

24조각
김장파 1묶음
와사비가루 2ts
간장 2TS ｜ 미린 1TS
현미 식초 1ts
설탕 1ts
껍질이 붙어있는 신선한 연어
살 200g
밀가루 ｜ 기름 2TS
반으로 자른 구운 김 2장
식초 물
스시 밥 125g
대접을 위해 : 간장 ｜ 초생강

요리시간 :
40분+마리나데에 재는 시간 30분

각 조각 당 : 45Kcal
단백질 2g / 지방 2g / 탄수화물 5g

아보카도와 참깨로 만든 호소마키

❶ 참깨는 기름을 바르지 않은 후라이팬에서 황금색이 될 때까지 볶아 옆에 둔다.
❷ 아보카도 절반의 껍질을 까고, 과육을 세로로 8개의 막대 모양으로 자르고, 현미 식초를 뿌린다. 와사비가루를 3ts의 물과 섞고 잠깐 불린다.
❸ 준비된 재료와 김발로 4개의 아보카도와 참깨로 채워진 호소마키-롤 4개를 만들 수 있다(24p참조).
❹ 김밥 양옆의 밥을 가지런히 누르고, 김 끝을 도마와 닿게 놓는다. 칼에 식초 물을 바르고 김밥을 반으로 자른다. 반으로 나뉘어진 것을 옆에 놓고, 같은 크기의 조각 3개로 자른다. 스시를 잘라진 면을 아래로 해서 접시 위에 놓고, 남은 와사비 페이스트, 간장과 초생강을 함께 대접한다.

24조각
참깨 4ts ┆ 식초 물
잘 익은 아보카도 1/2개
현미 식초 1TS
와사비가루 2ts
반으로 자른 구운 김 2장
스시 밥 125g
대접을 위해 : 간장 ┆ 초생강

요리시간 : 20분

각 조각 당 : 35Kcal
단백질 1g / 지방 2g / 탄수화물 4g

 힌트!   채식위주의 호소마키 속으로는 오이(씨를 없앤 채)와 당근이 어울린다. 당근을 1/2cm두께의 막대 모양으로 자르고, 미린 5TS, 현미 식초 1TS, 설탕 1/2ts과 약간의 소금이 들어간 냄비에 1분 동안 끓인다. 삶은 당근을 식힌다.

호박과 무의 싹으로 만든 호소마키

❶ 싹을 씻고, 물기를 턴다.
❷ 호박을 씻어 4등분 하고 씨를 없앤 후 세로로 긴 막대 모양으로 자른다.
❸ 와사비가루를 3ts의 물과 섞고 잠깐 불린다.
❹ 김발로 호박과 싹으로 채워진 호소마키-롤 4개를 만들 수 있다(24p 참조).
❺ 칼에 식초 물을 바르고 김밥을 반으로 자른다. 반으로 나뉘어진 것을 옆에 놓고 3개의 같은 크기의 조각으로 자른다. 잘라진 면을 아래로해서 접시 위에 놓고 남은 와사비 페이스트, 간장, 초생강을 함께 대접한다.

24조각
무 싹 50g ┆ 호박 1개(10cm길)
와사비가루 2ts
반으로 자른 구운 김 2장
식초 물
스시 밥 125g
대접을 위해: 간장 ┆ 초생강

요리시간 : 20분

각 조각 당 : 22Kcal
단백질 1g / 지방 1g / 탄수화물 5g

호소마키와 참치

❶ 참치 살의 물기를 털고 1cm 두께의 줄기로 자른다.
❷ 두개의 봄 양파를 깨끗하게 씻고 작은 링으로 자른다. 와사비가루를 3ts의 물과 섞고 잠깐 불린다.
❸ 준비된 재료들을 이용해 4개의 호박과 싹으로 채워진 호소마키-롤을 만들 수 있다(24p참조).
❹ 칼에 식초 물을 바르고 김밥을 반으로 자른다. 반으로 나뉘어진 것을 옆에 놓고, 같은 크기의 조각 3개로 자른다.
❺ 스시의 잘라진 면을 아래로해서 접시 위에 놓고, 남은 와사비 페이스트, 간장과 초생강을 함께 대접한다.

24조각
아주 신선한 참치 살 150g
봄 양파 2개 ｜ 식초 물
와사비가루 2ts
반으로 자른 구운 김 2장
스시 밥 125g
대접을 위해 : 간장 ｜ 초생강

요리시간 : 20분

각 조각 당 : 35Kcal
단백질 2g / 지방 1g / 탄수화물 4g

 김발을 제대로 쓸 줄 안다면 당신의 창의력을 마음껏 발휘할 수 있다. 전통적인 스시에 상관없이 원하는 대로 생선이나 해산물을 채소와 허브와 함께 혼합할 수 있다.

게맛살과 루콜라로 만든 호소마키

❶ 게맛살의 물기를 빼고 길게 반으로 자른다. 루콜라를 고르고, 깨끗하게 씻어서 물기를 턴다. 두꺼운 줄기를 없애고 잎을 거칠게 다진다.
❷ 와사비가루를 3ts의 물과 섞고 잠깐 불린다.
❸ 준비된 재료들을 이용해 게맛살과 루콜라로 채워진 4개의 호소마키-롤을 만들 수 있다(24p 참조).
❹ 칼에 식초 물을 바르고 김밥을 반으로 자른다. 반 나뉘어진 것을 옆에 놓고 같은 크기의 조각 3개로 자른다.
❺ 스시의 자른 면을 위로 해서 접시 위에 놓고, 남은 와사비 페이스트와 간장 그리고 초생강을 함께 대접한다.

24조각
젓가락모양의 게맛살 4개(힌트 참조)
루콜라 50g ｜ 식초 물
와사비가루 2ts
반으로 자른 구운 김 2장
스시 밥 125g
대접을 위해 : 간장 ｜ 초생강

요리시간 : 20분

각 조각 당 : 22Kcal
단백질 1g / 지방 1g / 탄수화물 4g

힌트! 게맛살은 생선단백질로 만들어져 있고, 젓가락이나 새우꼬리 모양으로 만들어져 가짜 가재 살로서 팔린다. 진짜 가재 살을 사용하면 더 맛있기는 하지만, 너무 비싸다. 원한다면 바다 가재나 왕새우 살을 사용해도 된다.

두부와 표고버섯으로 만든 후도마키

❶ 버섯 위에 끓인 물 250㎖를 붓고, 30분 동안 놔둔 후에 꺼내서 줄기를 떼어 내고 물로 씻는다.
❷ 그 불린 물을 체로 걸러 냄비에 부어서 끓이고, 그 안에 버섯을 간장과 설탕과 함께 10분 동안 익히고 물기를 뺀 다음 채 썬다.
❸ 두부를 채 썬다. 파슬리를 씻고 물기를 빼고 잎을 거칠게 다진다. 오이의 껍질을 벗기고, 긴 부분으로 4등분하고, 씨를 없애고 역시 채 썬다. 와사비가루를 3ts의 물과 섞고 잠깐 불린다.
❹ 준비된 재료의 반과 하나의 김으로 김발을 이용해 두꺼운 후도마키 롤을 만든다(24p 참조).
❺ 칼에 식초 물을 바르고 김밥을 반으로 자른다. 반이 나뉘어진 것을 나란히 놓고, 같은 크기의 조각 4개로 자른다. 스시를 접시 위에 놓고, 남은 와사비 페이스트와 간장, 그리고 초생강을 함께 대접한다.

 이 요리법에 그물우산버섯이나 다른 식용버섯을 이용해 보라.

16조각	
말린 표고버섯 5개	
간장 4TS	설탕 1TS
단단하게 구운 두부 100g	
파슬리 1단	식초 물
오이 1개(약 5cm 길이)	
와사비가루 2ts	
반으로 자른 구운 김 2장	
스시 밥 125g	
대접을 위해 : 간장	초생강

요리시간 : 40분
버섯을 연하게 하기 위한 시간 : 30분

각 조각 당 : 61Kcal
단백질 2g / 지방 1g / 탄수화물 13g

오믈렛과 게맛살, 당근을 넣은 후도마키

❶ 오믈렛을 위해 계란, 미린, 설탕, 약간의 간장과 소금을 모두 혼합한다.
❷ 코팅한 작은 후라이팬에 기름을 넣어 데우고, 혼합물을 부어서 단단한 오믈렛으로 만든다. 그 후 오믈렛을 꺼내서 식히고 줄 모양으로 자른다.
❸ 당근을 씻고 껍질을 벗겨서 사각 줄 모양으로 자른다. 그것을 미린, 설탕, 쌀식초와 약간의 소금과 냄비에 섞어서 1분 동안 끓이고 식힌다.
❹ 게맛살을 길게 반으로 나눈다. 참깨를 기름 없이 황금색을 띨 때까지 냄비에 볶는다. 와사비가루를 3ts의 물에 섞고 잠깐 불린다.
❺ 각각 준비된 재료의 반과 하나의 김으로 김발을 이용해 두꺼운 후도마키-롤을 만든다(24p 참조).
❻ 잘 드는 칼에 식초 물을 바르고 김밥을 반으로 자른다. 두 개로 가른 김밥을 나란히 놓고, 같은 크기의 조각 4개로 자른다.
❼ 스시를 접시 위에 놓고, 남은 와사비 페이스트와 간장, 그리고 초생강을 함께 대접한다.

힌트! 더 특별하게 하기 위해서 맛살 대신에 작은 새우, 왕새우나 가재의 살을 사용해 보세요. 아니면 오믈렛에 퓌레로 된 생선 살을 약간만 섞으세요.

16조각	
오믈렛을 위해 : 계란 2개	
미린 1TS	설탕 1ts
간장	소금	기름 1TS
당근을 위해 : 당근 2개	
미린 5TS	설탕 1ts
쌀 식초 1TS	소금
그 외에 : 게 맛살 2개(28p 참조)	
참깨 2TS	식물유
와사비가루 2ts	
반으로 자른 구운 김 2장	
스시 밥 125g	
대접을 위해 : 간장	초생강

요리시간 : 40분

각 조각 당 : 58Kcal
단백질 2g / 지방 2g / 탄수화물 8g

무와 훈제 송어로 만든 후도마키

❶ 무를 다듬어 씻고 송어 살을 긴 줄 모양으로 자른다.
❷ 시금치를 다듬어 씻고, 끓는 소금물에 3분 정도 삶는다. 차가운 물에 잠시 넣었다가 꽉 짠다. 부엌용 휴지 위에 놓고, 뭉쳐진 시금치의 상태를 약간 풀어준다.
❸ 와사비가루를 3ts의 물에 섞고 잠깐 불린다.
❹ 준비된 재료의 반과 한 장의 김으로 김발을 이용해 두꺼운 후도마키 롤을 만든다(24p 참조).
❺ 칼에 식초 물을 바르고 김밥을 반으로 자른다. 두 개로 자른 김밥을 나란히 놓고 같은 크기의 4조각으로 자른다.
❻ 스시를 접시 위에 놓고, 남은 와사비 페이스트와 간장, 그리고 초생강을 함께 대접한다.

16조각	
식초 물 ǀ 흰 무 100g	
훈제된 송어 살 100g	
시금치 100g ǀ 소금	
와사비가루 2ts	
반으로 자른 구운 김 2장	
스시 밥 125g	
대접을 위해 : 간장 ǀ 초생강	

요리시간 : 40분

각 조각 당 : 43Kcal
단백질 2g / 지방 1g / 탄수화물 7g

송어 캐비어로 만든 군칸마키

❶ 15cm 길이와 3cm 넓이로 4개의 김을 자른다.
❷ 레몬을 뜨거운 물로 씻어 물기를 빼고, 가운데에서 아주 얇은 조각을 잘라낸 후 그것을 4등분한다. 나머지의 레몬은 즙을 짠다. 3ts의 레몬 즙을 와사비가루와 섞고 불린다.
❸ 손을 식초 물로 축이고, 스시 밥으로 둥근 뭉치 8개를 만든다. 김의 매끄러운 부분이 밖을 향하게 하여 각 뭉치를 두르고, 그 끝을 밥알로 고정시킨다.
❹ 열려있는 부분의 밥을 약간 누르고, 레몬-와사비를 발라 그 위에 캐비어를 넣는다. 이런 식으로 모든 스시를 만든다.
❺ 오이를 씻은 후, 씨를 없애고 반 씩 얇은 조각으로 자른다. 각 스시에 여러 개의 오이조각을 부채모양으로 꽂고, 그 앞에는 레몬조각을 꽂는다.
❻ 스시를 접시 위에 놓고, 남은 와사비 페이스트와 간장 그리고 초생강을 함께 대접한다.

8조각	
반으로 자른 구운 김 2장	
레몬 1개	
와사비가루 2ts ǀ 식초물	
스시 밥 125g ǀ 밥알	
송어 캐비어 80g	
오이 1개(2cm의 길이)	
대접을 위해 : 간장 ǀ 초생강	

요리시간 : 20분

각 조각 당 : 73Kcal
단백질 3g / 지방 1g / 탄수화물 13g

훈제 뱀장어 크림을 얹은 군칸마키

❶ 뱀장어를 작은 조각으로 자르고, 요구르트-샐러드크림, 레몬 즙, 미린과 함께 섞어 크림을 만든다.
❷ 파를 씻고, 물기를 빼서 작은 링 모양으로 자른다. 15cm 길이와 3cm 넓이로 4개의 김을 자른다. 와사비가루를 4TS의 물과 섞고 불린다.
❸ 손을 식초 물로 축이고 스시 밥으로 둥근 뭉치 8개를 만든다. 각 뭉치를 김으로 두르고 고정시킨다(32p 참조).
❹ 열려있는 부분의 밥을 약간 누르고, 레몬-와사비를 발라 그 위에 뱀장어크림을 얹는다. 이런 식으로 모든 스시를 만든다.
❺ 스시를 파와 함께 접시 위에 놓고, 남은 와사비 페이스트와 간장 그리고 초생강을 함께 대접한다.

8조각
가시를 제거한 훈제 뱀장어 50g
김장파 1묶음
요구르트-샐러드크림 1TS
레몬 즙 1TS | 미린 1TS
와사비가루 2ts
반으로 자른 구운 김 2장 | 식초물
스시 밥 125g
대접을 위해 : 간장 | 초생강

요리시간 : 20분

각 조각 당 : 82Kcal
단백질 3g / 지방 2g / 탄수화물 13g

　　　다른 훈제생선으로도 맛있는 크림을 만들 수 있다.

섭조개를 얹은 군칸마키

❶ 조개를 여러 번 물로 씻고, 벌어져 있는 조개는 버린다. 미린, 쌀 식초, 설탕, 소금, 생강을 냄비에 넣어 끓이고, 조개를 그 안에 1분 동안 넣은 상태에서 섞는다. 그 후에 닫혀있는 조개를 벌려 나머지는 살을 떼어낸다.
❷ 섬세한 체로 끓어오른 거품을 걸러내고, 조개 끓인 물의 반 정도는 더 끓여 2TS을 조개 살 위에 붓고 30분 동안 덮은 상태로 놓아둔다.
❸ 15cm 길이와 3cm 넓이로 4개의 김을 자른다. 와사비가루를 물 3TS과 섞고 불린다.
❹ 손을 식초 물로 축이고, 스시 밥으로 둥근 뭉치 8개를 만든다. 각 뭉치를 김으로 두르고 고정시킨다(32p 참조).
❺ 열려있는 부분의 밥을 약간 누르고, 와사비를 발라 그 위에 섭조개를 얹는다. 이런 식으로 모든 스시를 만든다. 스시를 파와 함께 접시 위에 놓고, 남은 와사비 페이스트와 간장, 그리고 초생강을 함께 대접한다.

8조각
섭조개 500g | 미린 5TS
쌀 식초 5TS | 설탕 1ts
소금 1ts
호두크기의 생강 1개
와사비가루 2ts
반으로 자른 구운 김 2장
식초 물 | 스시 밥 125g
대접을 위해 : 간장 | 초생강

요리시간 : 20분+
마리나데에 재는 시간 : 30분

각 조각 당 : 70Kcal
단백질 3g / 지방 1g / 탄수화물 14g

일본요리 중에는 특히 다양한 색깔로 잘 꾸며진 요리가 많기 때문에 두 배로 감각적인 만족을 느낄 수 있다. 처음에는 눈을 통해 우리에게 보는 즐거움을 주고, 직접 먹어본 다음에는 미각의 즐거움을 누릴 수 있다.

완성된 모양

전 장에서 소개된 일본식 스시 만드는 법을 통해 우리는 일본요리가 자연이 준 재료들을 가지고 마치 요술 부리듯 맛있고 매력적인 요리로 완성된다는 것을 머리에 떠올릴 수 있다.

이 장에서는 스시의 변형에 대해 배운다. 눈으로 보기에는 전통적인 형태에 속하지만, 본래의 형태를 바꿔 조리법을 단순화함으로써 새로운 모양을 만들어 낸 우라마키, 데마키 또는 전형적인 스시 재료들을 아주 새로운 방법으로 준비하여 젓가락으로 먹을 수 있는 접시요리(사시미)를 만들어 내거나, 간소한 식사용으로 회덮밥(카라시)을 만들게 될 것이다. 여러 가지로 모양이 변형된 스시들은 새로운 요리 경험이 될 것이다.

눈으로 음미하는 스시

음식 자체가 눈을 만족시킬 뿐만 아니라, 스시와 다른 양념들의 예술적 배열이 시각을 더욱 즐겁게 해준다.

우라마키 – 안과 밖이 바뀐 스시

이 스시를 일본 본토에서는 우라마키라고 하지만, 미국식은 스시 마키를 뒤집은 형태 때문에 '캘리포니아 롤'이라고 불리며 세계적인 인기를 얻고 있다. 밥을 얹은 김을 뒤집어 여러가지 속 재료를 넣고 말면, 밥이 맨 겉으로 나오게 된다. 이러한 모양은 새로운 섬세함과 장식의 가능성을 더해준다. 이때 스시의 겉면을 깨나 허브 혹은 캐비어로 양념을 할 수 있다.

데마키– 안이 꽉 찬 봉지 모양의 스시

데마키는 김에 속 재료를 넣고 끝을 뾰족하게 말아서 만든다. 각 봉지는 고유의 형태를 가지며, 대부분의 데마키들은 조리하는 데 드는 비용이 약간 부담은 되지만, 눈으로 보기만 해도 먹지 않고서는 못 배기게 만든다.

그밖의 장점은 김발에 말아서 썰지 않아도 되니, 몇 가지 부엌일이 생략된다. 뿐만 아니라 각자 식탁에 앉아 자신의 기분과 취향에 따라 데마키를 만들어 먹을 수 있어서, 퐁듀나 라클렛(스위스식 구이요리)을 대신하여 사교모임을 위한 요리로 대접할 수 있다.

속을 채우는 것은 거의 모든 재료가 고려될 수 있다. 생선, 야채, 조개, 작은 새우 그리고 가금류도 넣을 수 있다. 재료들은 날것으로도 혹은 익혀서도 넣을 수 있고, 딱딱한 것이나 반 정도 딱딱한 것이어도 좋다.

그리고 데마키는 와사비만 넣고 간장에 찍어서 손으로 먹는다.

사시미 – 밥이 없는 스시

우선 많은 서구인들이 사시미의 맛을 제대로 느끼려면 미리 익숙해질 필요가 있다. 잘 썰어서 그릇에 예쁘게 담겨진 날생선의 살은 미식가들의 혀에서 촉촉하게 녹는다.

여기서는 특히 생선의 신선도가 가장 중요하다. 사시미를 먹어야 하는 바로 당일, 시장에 가서 상인에게 날로 먹을 것이라는 사실을 강조해 두어야 한다. 연어나 참치 등과 같은 생선의 살 외에도 야곱 조개를 사용할 수 있다.

카라시(회덮밥) – 그릇에 담긴 스시

우선 동부 일본에서는 언뜻 외양으로 봐서는 전통적인 스시와는 거리가 먼 스시 형태가 하나 발전해 왔는데, 이것이 회덮밥이다.

약간 강하게 양념을 한 밥의 정량을 그릇에 담고, 다양한 재료들을 얹어놓는 음식으로, 특별한 조리법이나 엄격한 규칙 같은 것은 없다. 생선이나 새우 혹은 야채 등등을 날로든 혹은 익혀서든 다양하게 선택할 수 있다. 더욱이 그릇채 증기에 익혀 무시–스시로 따뜻하게 대접할 수도 있다.

게맛살과 아보카도를 넣은 우라마키

❶ 게맛살을 길게 반으로 가른다. 오이는 씻어서 세로로 반 나누고, 작은 스푼으로 씨를 빼낸 후, 반쪽을 다시 길게 4등분 한다.

❷ 아보카도의 반을 껍질을 벗기고, 과육을 마찬가지로 길이로 썰어 8개의 막대를 만든다. 아보카도 막대는 즉시 레몬 즙에 굴려서 색이 갈색으로 변하지 않게 한다.

❸ 우라마키를 말기 위해 대나무 발에 투명 호일을 씌워 밥이 발에 붙지 않게 한다.

❹ 두 장의 김을 반으로 나누어 판판한 쪽을 밑으로 하여 김발에 놓고, 양끝을 발에 붙인다. 손을 식초 물에 축이고, 스시 밥을 김 위에 골고루 편다.

❺ 이제는 밥과 함께 김을 뒤집어서 밥이 아래로 가게 한다. 이 때에 빈 공간의 발을 밥 위에 덮어 발을 뒤집고 호일을 조심스레 김에서 벗기면 된다.

❻ 약간의 마요네즈를 손가락으로 김 위에 길게 펴 바르고, 김 위에 맛살, 아보카도와 오이를 촘촘히 올린다.

❼ 완성된 김밥은 호소마키스시처럼(24p 참조) 단단하고 균등한 롤로 만든다. 잘 드는 칼에 식초 물을 묻혀 롤을 가로로 반을 자르고, 두 개를 가지런히 놓아서 세로로 각각 3조각으로 자른다.

❽ 이러한 방법으로 다른 김들에도 밥을 놓고 뒤집어서 재료들을 넣어 말고, 같은 크기로 썬다. 각각의 스시에 캐비어를 뿌리되, 가능하면 밥이 캐비어로 덮이도록 골고루 뿌려준다.

❾ 스시는 예쁘게 잘려진 부분을 보이게 잘 담고 간장과 와사비 그리고 초생강을 함께 대접한다.

24조각
게맛살 4개(28p 참조)
오이 1개(약 10cm 길이)
잘 익은 아보카도 1/2개(남미 산 과일)
레몬 즙 1TS ｜ 식초 물
구운 김 2장
스시 밥 125g
마요네즈 1TS
캐비어 4TS
상차림을 위해 : 간장
와사비 ｜ 초생강

요리시간 : 30분

한 조각 당 : 45Kcal
단백질 1g / 지방 2g / 탄수화물 5g

우라마키는 대충 속이 바깥으로 나온 롤로 알려져 있고, 여기에 소개된 조리법은 캘리포니아 롤로 알려져 있는 것이다. 그 외에도 캐비어는 김을 돌리기 전 밥 위에 뿌려서 만들 수도 있다. 간장과 와사비를 따로 대접하는 대신, 한번쯤은 간장에 약간의 와사비를 풀어서 찍어먹도록 내도 좋다.

캐비어 대신 참깨 3TS을 기름 없이 팬에 황금색으로 볶아 대용한다.

다진 참치를 넣은 우라마키

❶ 참치 살은 칼로 아주 잘게 다진다. 봄 양파는 다듬어 씻어서 곱게 고리 모양으로 썰고, 와사비는 물 3ts에 잘 섞어서 잠깐 불린다. 가위로 냉이의 작은 잎들을 잘라낸다.
❷ 대나무 발에 투명 호일을 덮어 각각 김 반쪽을 놓고, 식초 물을 적신 손으로 스시 밥을 김 위에 골고루 편다.
❸ 이제는 김을 밥과 함께 뒤집어 밥이 아래로 가게하고, 약간의 와사비를 길게 김 위에 뿌리고, 참치 간 것과 양파를 놓는다.
❹ 전부를 호소마키(24p 참조)처럼 단단하고 균등한 롤을 만들어 똑같은 크기로 6조각을 낸다(38p 참조).
❺ 이런 식으로 나머지 김도 밥과 함께 돌려서 재료들을 넣고 말아서 썬다. 스시 롤을 냉이 잎에 굴려서 놓고, 간장과 남은 와사비와 초생강을 함께 낸다.

24조각

아주 신선한 참치 살 150g

봄 양파 2개 | 구운 김 2장

와사비가루 2ts

신선한 냉이 작은 상자

스시 밥 125g

대접을 위해 : 간장 | 초생강

요리시간 : 30분

한 조각 당 : 35Kcal
단백질 2g / 지방 1g / 탄수화물 4g

연어와 파를 넣은 우라마키

❶ 깨는 기름 없이 팬에서 황금색이 되도록 볶아서 차게 둔다. 와사비는 물 3ts에 풀어서 불린다.
❷ 연어의 물기를 빼고 손가락 굵기로 채 썬다. 오이도 씻어서 세로로 반을 나누고, 씨를 뺀 후 반쪽을 각각 4개의 막대로 자른다.
❸ 파는 길게 반으로 나누어 씻고, 다시 길게 채를 썰어 끓는 소금물에 1분간 데쳐 찬 물에 식힌 후 물을 뺀다.
❹ 투명 호일에 싼 김발 위에 김 반 쪽을 놓고, 식초 물에 적신 손으로 스시 밥을 김 위에 골고루 편다(38p 참조).
❺ 이제는 밥과 함께 김을 뒤집어 밥이 밑으로 가게하고, 약간의 와사비를 김에 뿌려 파, 오이, 연어 채를 각각 넣고 호소마키처럼 롤을 말아서 똑같이 여섯 개로 썬다(38p 참조).
❻ 이런 방법으로 나머지 김도 밥을 얹어 뒤집고, 나머지 재료들을 넣고 말아서 썬다. 스시 롤에 깨를 발라 놓고, 간장과 남은 와사비 그리고 초생강을 함께 낸다.

24조각

깨 3TS | 와사비 2ts

아주 신선한 연어 살 100g

오이 1개(약 10cm 정도)

파 1개(흰 부분만 10cm 길이로

오이 굵기, 아니면 비슷할 정도의

여러 개의 파 줄기)

소금 | 구운 김 2장 | 식초 물

스시 밥 125g

대접을 위해 : 간장 | 초생강

요리시간 : 30분

한 조각 당 : 37Kcal
단백질 2g / 지방 1g / 탄수화물 5g

청어와 우라마키
당근 큰 것 1개의 껍질을 벗기고 채를 썬다. 미린 5TS, 설탕 1ts, 현미 식초 1TS, 약간의 소금을 1분간 끓였다가 식힌다. 와사비는 조리법 안내대로 만든다.
신선한 청어 살 100g은 손가락 굵기로 채를 썬다. 설명된 대로 스시 밥과 같이 당근 채, 청어를 얹은 김발에 만다. 롤을 조각으로 썰어서 청어 알을 묻혀놓고, 간장과 남은 와사비 그리고 초생강을 함께 낸다.

아스파라거스와 버섯이 든 왕데마키

❶ 아스파라거스 줄기를 씻어서 끝을 잘라내고 줄기 아래 부분만 껍질을 벗긴다. 아스파라거스 줄기를 길이로 반을 가르고 경우에 따라 가로로 자르기도 한다. 아스파라거스를 끓는 소금물에서 약 1분간 데친 후, 찬물에 식혀 물기를 빼고 현미 식초와 미린에 담근다.
❷ 버섯은 다듬어 채를 썰고, 후라이팬에 기름을 둘러 열을 준 후 버섯을 볶다가 소금, 후추, 간장, 레몬 즙으로 간을 맞춘다.
❸ 와사비가루는 물 3ts에 풀어서 잠깐 불린다. 봄 양파는 다듬어서 씻고, 약 5cm 길이로 자르고 나서 다시 길게 채를 썬다.
❹ 김을 사선으로 자르고, 손을 식초 물에 적셔 스시 밥을 8개의 큰 볼로 만든다.
❺ 준비된 재료들을 아래의 조리법 대로(큰 데마키 – 연어와 아보카도를 넣은 왕데마키 스시의 4단계와 5단계) 채워서 간장과 남은 와사비 그리고 초생강을 함께 낸다.

8조각	
파란 아스파라거스 4줄기	소금
현미 식초 1TS	미린 1TS
느타리버섯 400g	기름 2TS
후추	간장 1TS
레몬 즙 1TS	식초 물
와사비가루 1ts	
봄 양파 2개	구운 김 2장
스시 밥 125g	
상차림을 위해: 간장	초생강

요리시간 : 30분

한 조각 당 : 102 Kcal
단백질 3g / 지방 3g / 탄수화물 15g

연어와 아보카도를 넣은 왕데마키

❶ 와사비가루는 물 3ts에 풀어서 잠깐 불린다.
❷ 아보카도의 반을 껍질을 벗겨 과육을 길게 8조각으로 자르고, 레몬 즙을 바른다. 애호박은 다듬어 씻고, 길이로 막대처럼 썬다. 연어 살은 물기를 빼고 마찬가지로 손가락 굵기로 길게 썬다.
❸ 김을 사선으로 나누고, 식초 물에 적신 손으로 스시 밥을 8개의 큰 공 모양으로 뭉친다.
❹ 김의 판판한 곳을 아래로 하여 왼쪽 손에 놓고, 주먹밥을 얹은 후 와사비를 약간 바른 후, 재료의 1/8을 넣고 꼭 누른다.
❺ 김 왼쪽 아래 부분을 접어서 끝이 뾰족한 봉지를 만든다. 옆에 겹치는 부분은 밥알로 고정시킨다
❻ 이런 식으로 다른 데마키들을 만들고, 각각의 봉지에 연어 알을 나누어 놓는다. 이 스시를 예쁘게 담아 놓고, 간장과 남은 와사비 그리고 초생강을 함께 낸다.

8조각	
와사비가루 1ts	
잘 익은 아보카도 1/2개	
레몬 즙 1TS	
작은 애호박 1개	구운 김 4장
아주 신선한 연어 살 300g	
스시 밥 125g	밥알
연어 알 4TS	
대접을 위해: 간장	초생강

요리시간 : 30분

한 조각 당 : 175Kcal
단백질 10g / 지방 9g / 탄수화물 13g

새우와 오이, 무를 넣은 작은 데마키

❶ 와사비가루를 물 4ts에 풀어 잠깐 불린다.
❷ 새우를 미린, 레몬즙, 마요네즈와 섞는다. 오이는 씻어서 길게 4등분하고, 씨를 뺀다. 무는 다듬어서 씻고, 오이와 무를 세로로 잘게 채 썬다.
❸ 김을 4등분하고 한장을 판판한 쪽을 밑으로 하여 왼손에 놓고, 오른손은 식초 물에 적셔 약간의 스시 밥을 김에 얹고 와사비를 조금 바른다.
❹ 밥 위에 새우, 오이, 무 채 썬 것을 약간씩 얹고 단단하게 누른다. 김을 끝이 뾰족한 봉지로 말아서 밥알로 끝을 고정시킨다(42p 참조).
❺ 이런 식으로 16개의 데마키 스시를 만든다. 각 스시를 싹으로 장식하고, 간장, 남은 와사비 그리고 생강을 함께 낸다.

16조각	
와사비가루 2ts	
삶아서 껍질을 벗긴 새우 200g	
미린 1TS ∣ 구운 김 4장	
레몬즙 1TS ∣ 식초 물	
마요네즈 2TS	
오이 1개(약 10cm 길이)	
무 1개(약 10cm 길이)	
스시 밥 125g ∣ 밥알 조금	
무나 작은 무 싹 4TS	
대접을 위해 : 간장 ∣ 초생강	

요리시간 : 40분

한 조각 당 : 57Kcal
단백질 3g / 지방 2g / 탄수화물 7g

강낭콩과 고등어를 넣은 작은 데마키

❶ 와사비가루를 물 4ts에 풀어 잠깐 불린다.
❷ 고등어 살을 물기를 빼고 나머지 가시들을 제거한다. 소금 3TS을 발라서 뚜껑을 덮어 3~5시간 동안 차게 둔다. 그 다음에 흐르는 찬물에 소금기를 씻어내고, 물기를 뺀다.
❸ 레몬 즙을 현미 식초, 미린, 설탕과 함께 섞는데, 설탕이 다 녹을 때까지 저어 준다. 고등어 살을 판판한 접시에 놓고, 위의 양념을 부어 약 1시간 동안 스며들 게 하면서, 가능하면 자주 뒤집어 준다.
❹ 양념이 밴 고등어의 물기를 빼고 껍질을 벗겨낸다. 그리고 생선을 가능하면 같은 굵기의 16조각으로 길게 썬다.
❺ 강낭콩을 다듬고 씻어 끓는 소금물에 2분간 데친 후, 즉시 찬물에 식히고 물 기를 빼서 길게 채 썬다.
❻ 김을 4등분하고 판판한 쪽을 밑으로 하여 왼손에 놓는다. 오른손을 식초 물에 적셔 왼손에 있는 김에 밥을 얹고 약간의 와사비를 바른다.
❼ 밥 위에 고등어 조각, 강낭콩 채 썬 것 몇 개를 얹고 꼭 눌러준다. 김을 뾰족한 봉지처럼 말아서 밥알로 끝을 고정시킨다.
❽ 이런 식으로 16개의 데마키 스시를 만들고, 완성된 스시를 잘 담아, 간장, 남은 와사비 그리고 생강과 함께 낸다.

16조각	
와사비가루 2ts	
아주 신선한 고등어 살 150g	
소금 3TS(넉넉히)	
레몬즙 2TS ∣ 미린 2TS	
현미 식초 5TS	
설탕 2ts	
강낭콩 100g ∣ 구운 김 4장	
스시밥 125g ∣ 밥알	
대접을 위해 : 간장 ∣ 초생강	

요리시간 : 40분+
양념에 재는 시간 : 4~6시간

한 조각 당 : 55Kcal
단백질 4g / 지방 1g / 탄수화물 8g

농어와 야곱 조개로 만든 사시미

❶ 미역은 끓는 소금물에 약 2분간 데쳐서 찬물에 식혀 물기를 뺀다.
❷ 무는 다듬어 껍질을 벗기고 길이로 곱게 채 썬다. 오이는 씻어서 길게 반을 나누고, 작은 수저로 씨를 빼 다시 가로로 반을 나누고, 얇게 썬다.
❸ 농어는 가로로 힘줄을 따라 약간 어슷하게 약 1cm 넓이로 조각을 낸다. 야곱 조개 살은 얇게 썬다.
❹ 레몬은 뜨거운 물에 씻어 말리고, 얇게 썬다. 김을 채 썰고, 새우는 껍질을 벗기되 꼬리 부분은 그대로 둔다.
❺ 4개의 판판한 접시나 전통적인 스시 쟁반에 미역, 무 채 썬 것, 오이 얇게 썬 것, 그리고 생선 채 썬 것, 야곱 조개와 새우를 각각 예쁘게 담는다. 와사비 1ts, 레몬 썬 것 몇 조각, 김 채 썬 것과 함께 각 연어 알 1TS 씩 각각 담아 간장과 생강을 함께 낸다.

4인분
미역 100g | **무 50g**
오이 1개(약 10cm 길이)
아주 신선한 농어 살 400g
야곱 조개 8개(하얀 조개만 · 20p의 힌트를 보시오)
레몬 1개 | **구운 김 4장**
껍질 있는 익힌 새우 4개
연어 알 4TS
상차림을 위해 : **간장** | **초생강**

요리시간 : 30분

일인당 약 : 126 Kcal
단백질 25g / 지방 2g / 탄수화물 3g

굴, 참치와 연어로 만든 사시미

❶ 당근은 다듬고 껍질을 벗겨 길이로 가능한 한 곱게 채 썬다.
❷ 무는 다듬고 껍질을 벗겨 중간에 작은 구멍을 만들어 칠리 고추를 집어넣고, 전부 곱게 갈아준다. 무 간 것을 짜서 작은 공 4개를 만든다.
❸ 연어와 참치 살은 물기를 빼고, 가로로 힘줄을 따라 약간 어슷하게 약 1cm 두께로 채를 썬다. 굴의 뚜껑을 열어 살을 떼어냈다가 껍질에 다시 놓는다.
❹ 리메테를 뜨거운 물에 씻어 물기를 말리고, 얇게 자른다. 김은 채를 썬다.
❺ 당근 채 썬 것, 무로 만든 공, 연어와 참치 살, 굴, 레메테 조각, 와사비, 김 채 썬 것을 쟁반 4개나 스시 쟁반에 예쁘게 담고 간장과 생강을 함께 낸다.

4인분
당근 1개 | **무 100g**
마른 칠리 고추 1개
구운 김 2장
아주 신선한 연어 살 200g
아주 신선한 참치 살 200g
굴 8개 | **리메테 1개**(감귤류의 과실로 맛과 향기가 레몬과 비슷함)
와사비가루 4ts(6p 참조)
대접을 위해 : **간장** | **초생강**

요리시간 : 30분

일인당 : 242Kcal
단백질 23g / 지방 15g / 탄수화물 4g

연어와 키라시

❶ 깨를 기름 없이 팬에서 김이 날 때까지 볶은 후, 팬에서 꺼내놓는다.
❷ 시금치를 다듬어서 씻고 끓는 소금물에 잠깐 데친 후, 찬물에 씻어 꽉 짜 풀어 놓고 레몬즙과 깨를 섞는다.
❸ 숙주 물기를 빼고 얇게 썬다. 당근은 다듬어 껍질을 벗기고 길이로 채를 썬다. 10㎖ 물에 소금, 간장, 미린과 현미 식초를 넣고 끓으면서 당근 채를 넣고 1분간 끓이다가, 그대로 식힌 후, 당근을 건져내고 물기를 뺀다.
❹ 연어 살의 물기를 빼고 가로로 힘줄을 따라 약간 어슷하게 약 1/2cm 두께로 썬다.
❺ 따뜻한 스시 밥을 그릇 4개에 나누어 담고, 그 위에 각각 시금치, 숙주, 당근, 연어, 연근을 모두 얹어놓고, 생강과 와사비를 예쁘게 담아낸다. 간장과 함께 대접한다.

4인분	
깨 2TS	시금치 100g
레몬 즙 1TS	
숙주(캔에서) 200g	
당근 2개	설탕 1TS
간장 2TS	미린 2TS
식초 2TS	초생강 100g
아주 신선한 연어 살 400g	
조리 법대로 따뜻하게 준비된	
스시 밥	
연근 뿌리 4조각(캔에서)	
와사비 4ts	
대접을 위해: 간장	

요리시간 : 30분

일인당 약 : 519Kcal
단백질 29g / 지방 18g / 탄수화물 61g

훈제 생선과 키라시

❶ 붉은 무를 다듬어 씻고 얇게 썬다. 오이는 씻어 세로로 반을 나누고, 씨를 빼서 가로로 얇게 썬다.
❷ 파는 씻어 물기를 빼고, 작은 롤 모양으로 썰어놓는다.
❸ 훈제된 생선들은 가로로 힘줄을 따라 어슷하게 약 1/2cm 넓이로 썬다.
❹ 따뜻한 밥을 그릇 4개에 나누어 담고, 그 위에 훈제 된 생선, 붉은 무, 얇게 썬은 당근을 생강, 와사비와 함께 예쁘게 담는다. 그 위에 파 썬 것을 뿌리고, 간장과 함께 낸다.

4인분	
붉은 무 1단	오이 100g
훈제된 청어 살 100g	
훈제된 연어 살 100g	
훈제된 뱀장어 살 100g	
스시 밥 125g	
초생강 100g	파 1단
와사비 4ts(6p 참조)	
대접을 위해: 간장	

요리시간 : 30분

일인당 : 458Kcal
단백질 23g / 지방 15g / 탄수화물 55g

이 조리법에는 어떤 훈제 생선을 써도 다 맛이 있다. 당연히 가시들은 먼저 제거해야 한다. 훈제 생선은 물론, 경우에 따라 신선한 생선과 함께 쓸 수도 있다. 다만 훈제된 생선 특유의 강한 냄새가 다른 신선한 생선의 냄새를 잃게 만들 수 있다.

일본 사람들 뿐만 아니라 서구 지역에서 온 여행객들에게도 인기가 좋은 스시는 이제 전 세계적인 요리로 부각되었다. 한 번 맛을 들이면 이 섬세하고 작은 음식을 결코 마다할 수 없게 될 것이다.

스시 – 퓨전 요리

시간이 흐름에 따라 각 나라의 문화에 맞게 제공되는 재료들의 차이로 새로이 변형된 스시가 많이 생겨나게 되었고, 이것이 다시 일본으로 되돌아 들어오게 되었다.

생선 대신 고기나 치즈, 야채 대신 허브를 이용해 아시아적인 것과 서구적인 것이 맛있게 결합되어 새로운 스시가 탄생하였다.

새로운 스시

창조적인 도전

많은 독창적인 요리사들은 오직 밥과 해조류, 야채와 날생선으로만 만들어진 스시에 대해 만족하지 못하고, 어째서 이 일본식 요리에 서구식 요리가 결합되면 안 되는가 하는 의문을 품었다. 이렇게 해서 아주 새롭고 매력적인 맛이 탄생했는데, 예를 들어 스시 속에 조리된 고기를 넣으면 나머지 재료들과 함께 아

주 놀랍고 색다른 맛을 낸다는 사실이다. 또한 날생선 대신 조리 된 것을 넣으면, 다른 재료들을 그대로 넣는다 하더라도 아주 색다른 멋진 맛이 나게 된다.

모양의 변화

다양한 재료가 들어간 스시는 각기 다양한 맛을 내기도 하지만, 그 모양도 가지각색이다. 동그랗거나 반구 모양의 스시가 우리의 눈을 놀라게 하는 것처

럼, 타원형, 사각형이나 아니면 김 대신 샐러드로 싼 형태도 마찬가지로 놀랍다. 전통적인 스시 모양을 새로운 모양으로 만드는 것을 손수 해보기 위해서는 먼저 전통적인 스시를 만들면서 기본 형태에 익숙해지도록 경험을 쌓아야 할 것이다. 새로운 스시를 만들려고 한다면, 스시 롤을 써는 것부터 다르게 시작할 수 있다. 예로서, 마키스시를 똑바로 써는 대신 어슷하게 썰어보면 어떨까. 새로운 스시는 이렇듯 단순한 변용으로부터 나온다.

재료에 대한 것

요리, 빵 굽기, 고급 과자 만들기나 찬 음식 등 모든 영역의 요리법에서와 마찬가지로 일반인들은 스시 만드는 실습을 통해 재료들을 자신의 생각대로 바

꿀 수 있는 자유를 점점 더 요구하게 된다. 여기에 고정된 규칙 같은 것은 없다. 즉 이 즉흥적인 요리를 위한 안내란 있을 수 없다. 기껏해야 몇 가지 착상을 줄 수 있을 뿐이다. 먼저 당신이 평소 쓰지 않던 허브로 양념된 생선, 조개나 게맛살들로 색다른 향을 만들어 줄 수 있다.

또 완전히 다른 맛을 느끼고 싶다면, 생선 대신 오리 가슴 살, 양고기, 소고기, 닭고기 등과 같은 고기를 스시에 넣어보라. 계절 야채를 사용해 보는 것도 방법인데, 그것이 조리된 것이나 절인 것(예를 들면 달고 시게 절인 호박)을 당신만의 스시 창조에 사용해보라.

그리고 스시를 따뜻하게 준비해 보라. 특히 익힌 재료들을 사용해보면 독창적으로 아주 잘 맞는다. 이 모든 것은 '새로운 것을 향해 마음을 열라' 라는 모토를 따라, 익숙하지 않은 것들을 결합해 봄으로써 전혀 새로운 맛을 낼 수 있다. 보통 사람들은 특정한 재료들은 역시 서로 맛이 잘 어울리지 않을 거라고 짐작하는데, 바로 이때 '새로운 것을 위하여!' 라는 말을 한번쯤 상기해보자.

꿀, 겨자와 연어볼

❶ 두 가지 겨자를 꿀, 백포도주 식초, 그리고 기름과 잘 섞어 부드러운 소스를 만든다. 연어는 가능한 한 같은 크기로 16조각을 얇게 썬다.
❷ 종지에 투명한 호일을 깔고 연어 한 조각을 놓는다. 그 위에 꿀과 겨자 소량을 얹고 종지를 스시 밥으로 채운다.
❸ 밥을 약간 눌러주고 아직 돌출해 있는 연어를 속으로 집어넣든지 잘라내서 전채요리로 자신이 먹는다.
❹ 종지를 접시에 엎어놓고 호일을 걷어낸다.
❺ 이런 식으로 16조각의 연어볼을 만들고, 이논드 가지와 연근을 함께 접시에 담는다.

 변화를 위해 연어볼 – 스시의 색깔을 바꿀 수 있다. 밥을 약간 붉은 사탕 무 즙으로 붉게 색을 주고, 연어 대신 훈제된 핼리버트(넙치 류) 얇게 썬 것을 사용한다.

16조각
매운 겨자(독일의 매운 디욘 (Dijon) 겨자) **1TS**
중간 매운 겨자 1TS
꿀 1TS | 기름 1TS
백포도주 식초 1ts
절인 연어 얇게 썬 것 175g (포장된 연어)
스시 밥 125g
장식을 위해: **이논드**(미나리과 향료) **작은 가지 몇 개**
얇게 썰어진 연근(캔에서)

요리시간 : 30분

일 인당 : 61Kcal
단백질 3g / 지방 2g / 탄수화물 7g

굴과 리메테 마요네즈로 만든 군칸마키

❶ 굴을 열어서 살을 빼고 물기를 없앤다.
❷ 리메테를 뜨거운 물에 씻어 말리고, 반 정도의 껍질을 얇게 벗겨 아주 곱게 채를 썬다. 나머지 리메테는 즙을 짜서 마요네즈 2TS과 요구르트, 그리고 채 썬 리메테와 잘 섞고 후추로 맛을 낸다.
❸ 약 15cm 길이와 3cm 넓이로 4개의 김을 썰어놓는다. 손을 식초 물에 적시고, 스시 밥으로 8개의 타원형 경단을 만들어 김 조각에 눕혀놓고 고정시킨다 (32p 참조).
❹ 김 바깥으로 흘러나온 밥을 단단히 눌러 주고, 각각에 굴을 하나씩 넣어준다. 그 위에 약간의 리메테 마요네즈를 얹고, 스시를 나머지 리메테 채로 장식해 준다.

 생굴이 너무 미끈거린다고 생각하는 사람은 조개를 익혀서 속을 사용할 수도 있다. 백포도주 100㎖를 생선 육수 100㎖와 함께 끓이고, 굴을 넣어 1분간 살짝 익히거나 체에 넣고 2분간 김을 쏘인다.

8조각
작은 굴 8개 | 리메테 1개(46p 참조) **| 마요네즈 2TS**
요구르트 1TS
후추 | 구운 김 2장 | 식초물
스시 밥 125g | 밥 알

요리시간 : 20분

한 조각 당 : 90Kcal
단백질 2g / 지방 4g / 탄수화물 13g

닭과 게살로 만든 우라마키

❶ 닭고기를 채 썬다. 게살은 씻어서 물기를 빼고 잘게 찢는다.
❷ 파는 씻어서 물기를 빼고 곱게 롤로 썰어서 마요네즈와 섞어놓는다.
❸ 대나무 발에 투명 호일을 싸고, 각각 김 반장을 놓고 손을 식초 물에 적셔 스시 밥을 김 위에 골고루 편다(38p 참조).
❹ 이제 김을 밥과 함께 뒤집어 밥이 밑으로 가게 한다. 약간의 파를 섞은 마요네즈를 김 위에 길게 바르고, 닭고기와 게살을 각각 1/4씩 얹는다.
❺ 전부 호소마키 스시(24p 참조)를 말 듯이 단단하고 굵기가 똑같은 롤로 말아 똑같은 크기 6개로 썰어 준다(38p 참조).
❻ 이런 식으로 다른 김에도 밥을 얹고 재료들을 얹어 롤을 말아 썬다. 스시 롤들을 예쁘게 담고, 간장과 와사비 그리고 초생강을 함께 낸다.

24조각
익힌 닭 가슴 살 100g
민물게(캔으로) 100g
파 반단 | 마요네즈 2TS
구운 김 2장 | 식초물
스시 밥 125g
대접을 위해: 간장
와사비(6p 참조) | 초생강

요리시간 : 30분

한 조각당 : 39Kcal
단백질 2g / 지방 1g / 탄수화물 4g

검정쌀과 꼴뚜기로 만든 우라마키

❶ 깨를 기름 없이 팬에서 황금색으로 볶아 차게 식힌다. 와사비를 물 3ts에 풀어서 잠깐 불린다.
❷ 고수풀을 씻어 물기를 빼고 잎을 가지에서 뗀다.
❸ 오징어 몸통을 길게 썰어서 씻고, 물기를 빼서 얇게 채 썬다.
❹ 대나무 김발을 투명 호일에 싸고, 김 반 장을 편다. 식초 물에 손을 적시고, 스시 밥을 김 위에 골고루 편다(38p 참조).
❺ 이제 김을 밥과 함께 뒤집어 밥이 밑으로 가게 하고, 약간의 와사비를 길게 발라 준 다음, 오징어 채와 고수풀 잎 각각 1/4씩을 얹는다.
❻ 전체를 호소마키(24p 참조)를 말듯이 단단하고 균등한 굵기의 롤로 만든다. 이것을 6개의 똑같은 크기로 썰어놓는다(38p 참조).
❼ 이런 식으로 다른 김도 밥을 넣고 뒤집어 재료를 넣고 롤로 말아 썰어놓는다. 스시 롤에 깨를 뿌리고 접시에 담아, 간장과 나머지 와사비, 그리고 초생강과 함께 낸다.

24조각
깨 3TS
와사비가루 2ts
고수풀 파란 것 가지 4개
아주 신선한 그리고 깨끗이
씻은 오징어 몸통 150g
구운 김 2장 | 식초물
스시 밥 125g, 가게에서 산
작은 오징어 먹물 주머니를
밥 지을 때 넣어 검은 색으로
물들인다.
대접을 위해 : 간장 | 초생강

요리시간 : 30분

한 조각당 : 31Kcal
단백질 2g / 지방 1g / 탄수화물 4g

쏨뱅이(양볼락과의 바다물고기)와 사프란 밥으로 만든 우라마키
스시밥 125g을 요리하는데, 조리할 때 쌈지나 캔에 든 사프란 섬유를 넣는다. 아주 신선한 쏨뱅이 살 150g을 물기를 빼 잘게 채 썬다. 올리브기름 1TS를 후라이팬에 바르고 가열한다. 마늘 한쪽을 짜 넣고 잠깐 볶는다. 여기에 쏨뱅이를 넣고 1분간 볶아서 내고 종이로 기름을 뺀다. 와사비 페이스트는 조리법대로 저어둔다. 구운 반 쪽 짜리 김 4장을 김발에 나란히 놓고, 스시 밥을 골고루 펴서 뒤집고, 와사비 페이스트를 바르고, 생선 채 썬 것 각각 1/4을 얹은 후, 스시를 말아서 썰고, 검은깨를 뿌려서 간장과 와사비, 그리고 생강을 함께 낸다.

호소마키 - 카프레제◆

❶ 토마토의 꼭지를 자르고, 껍질이 벗겨지기 시작할 때까지 잠깐 끓는 물에 넣어 둔다. 토마토를 다시 찬 물에 넣어 껍질을 벗기고, 4등분해서 씨를 빼고, 과육을 채 썬다.
❷ 모짜렐라 치즈를 체에 담아 물기를 빼고, 얇게 썰어서 가늘게 채 썬다. 바실리쿰을 씻어 물기를 뺀다.
❸ 와사비가루는 3ts의 물에 잘 풀어 잠깐 불린다.
❹ 준비된 재료들을 김발에 넣어 4개의 호소마키를 만다(24p 참조).
❺ 잘 드는 칼에 식초 물을 묻혀 각 롤을 가로로 반을 나누고, 그 반을 다시 똑바로 혹은 어슷하게 각각 3조각으로 똑같이 자른다.
❻ 예쁘게 자른 면을 위로해서 스시를 접시에 담고, 간장 대신 발삼 식초를 대접한다.

24조각
잘 익어 향이 좋은
토마토(약 200g) **2~3개**
모짜렐라 치즈(가장 좋은 것은
물소젖 모짜렐라 치즈) **125g**
바실리쿰 잎(약 24조각) **한 움큼**
와사비 2ts | **식초물**
구운 김 반 장 짜리 2장
스시 밥 125g
대접을 위해: **발삼 식초**

요리시간 : 20분

한 조각 당 : 33Kcal
단백질 2g / 지방 1g / 탄수화물 4g

소고기로 만든 니기리스시

❶ 소고기는 물기를 빼고 잘 드는 칼로 3x5cm 크기의 8조각으로 균등하게 나눈다.
❷ 후추 알은 절구에 넣고 거칠게 빻거나 도마에 놓고 칼등으로 으깬다.
❸ 와사비가루는 물 3ts에 잘 풀어서 잠깐 불린다. 손가락에 와사비를 묻혀 소고기의 각 조각에 발라준다.
❹ 손을 식초 물에 적셔 스시 밥을 8개의 긴 볼 모양으로 뭉쳐준다.
❺ 각각의 소고기를 와사비가 발라진 쪽을 위로하여 왼손에 놓고 밥을 얹어 엄지손가락으로 눌러준다.
❻ 스시를 돌려서 조심스레 위와 옆을 균등한 모양으로 눌러준다(12p 참조).
❼ 이런 식으로 모든 스시를 만들고, 스시에 후추를 뿌려 그릇에 담는다. 여기에 남은 와사비와 간장을 함께 대접한다.

8조각
가장 연한 소고기 필레 150g
(가장 좋은 것은 유기농 먹이로
키운 소)
검은 후추 알 4ts
와사비가루 2ts
식초물 | **스시 밥 125g**
대접을 위해: **간장**

요리시간 : 30분

한조각 당 : 83Kcal
단백질 5g / 지방 1g / 탄수화물 13g

◆ 카프레제 : 주로 토마토와 바실리쿰 이파리, 모짜렐라 치즈를 이용한 전채요리.

청어와 오이, 무로 만든 후도마키

❶ 청어를 흐르는 찬물에 씻어 물기를 빼고 1cm 두께로 채 썬다.
❷ 오이는 씻어서 길게 4등분하고, 작은 스푼으로 씨를 빼서 채 썬다. 무와 애호박은 다듬어 씻고 잘 드는 칼로 막대 썰기를 한다.
❸ 와사비가루는 물 3ts에 잘 풀어서 잠깐 불린다.
❹ 준비된 재료의 반을 김 한장에 넣어서 두꺼운 롤 모양으로 김발을 만다(24p 참조).
❺ 잘 드는 칼을 식초 물에 적셔 롤을 반으로 자르고, 각각의 반쪽을 똑같은 크기로 4조각씩 썬다.
❻ 스시를 예쁘게 접시에 담고, 남은 와사비 간장 그리고 초생강을 함께 낸다.

16조각
어린 청어 100g
오이 1개(약 10cm 길이)
흰 무 100g | 애호박 1개
와사비가루 2ts
구운 김 2장 | 식초물
스시 밥 125g
대접을 위해 : 간장 | 초생강

요리시간 : 40분

한 조각 : 49Kcal
단백질 2g / 지방 2g / 탄수화물 7g

오리 가슴 살과 미린 – 자두로 만든 왕데마키

❶ 오리 가슴 살의 껍질을 벗겨 얇게 채 썬다. 기름을 두른 후라이팬을 가열하고, 높은 온도에서 오리 살 채 썬 것을 넣고, 2분간 볶은 다음 간장을 붓고 후추로 맛을 낸다.
❷ 자두는 길이로 4등분 하고, 냄비에 미린과 식초를 넣고 끓인다. 자두를 약 30분간 즙이 스며들게 한 후 꺼내서 물기를 뺀다.
❸ 와사비가루를 물 3ts에 잘 풀어서 불리고, 봄 양파는 다듬어서 씻고 어슷하게 썬다.
❹ 김은 어슷하게 반으로 자르고, 손을 식초 물에 적셔 스시 밥으로 8개의 똑같은 볼을 만든다.
❺ 판판한 면을 밑으로 하여 김을 왼손에 놓고, 밥 뭉치를 김 위에 얹어 와사비를 약간 바르고 각각 재료 1/8씩을 얹고 꼭 눌러준다.
❻ 이제 김의 왼쪽 아래 부분을 오른쪽으로 접어, 전체를 끝이 뾰족한 봉지 형태로 만다. 겹치는 부분을 밥알 몇 개로 고정시킨다.
❼ 이런 식으로 데마키 스시를 여러개 만들어 접시에 예쁘게 담고, 간장과 남은 와사비 그리고 생강과 함께 낸다.

8조각
오리 가슴 살 약 250g
참깨 1TS | 간장 1TS
후추 | 씨를 빼 말린 자두 8개
미린(쌀로 만든 맛술) 100㎖
현미 식초 5TS
와사비 1ts | 식초물
봄 양파 2개 | 구운 김 4장
스시 밥 125g | 밥알
대접을 위해 : 간장 | 초생강

요리시간 : 30분

조각 당 : 약81Kcal
단백질 7g / 지방 7g / 탄수화물 18g

 오리 가슴 살 대신 송아지고기나 돼지고기 커틀렛 또는 타조고기를 채 썰어 구운 것으로 대체할 수 있다.

양고기와 오그랑 배추로 만든 작은 데마키

❶ 와사비가루를 물 4ts에 풀어서 잠깐 불린다. 오이는 씻어서 길게 4등분하여 씨를 빼고 곱게 채 썬다.
❷ 오그랑 배추는 끓는 소금물에 3분간 데쳐서 찬물에 식히고, 줄기를 제거하고, 잎은 채 썬다.
❸ 양고기는 채 썰어 높은 온도의 뜨거운 기름에 1분간 굽고, 백포도주를 부어 따뜻하게 둔다.
❹ 김은 4등분하고 판판한 쪽을 밑으로 하여 왼손에 놓고, 오른손은 식초 물에 적셔 약간의 밥을 김에 얹고 와사비를 바른다.
❺ 밥 위에 양고기와 오이를 채 썬것, 또 오그랑 배추를 각각 약간씩 얹고 단단히 눌러준다. 김을 끝이 뾰족한 봉지 형태로 말고, 끝을 밥알로 고정시킨다.
❻ 이런 식으로 16개의 데마키 스시를 만든다. 각각의 스시에 방금 빻은 후추를 뿌리고, 간장과 나머지 와사비를 함께 낸다.

16조각
와사비 2ts
오이 1조각(약 10cm)
밝은 녹색의 오그랑 배추 4장
소금	양고기 400g
올리브기름 1TS	식초물
백포도주 2TS	구운 김 4장
스시 밥 125g
제분기로 빻 후추
대접을 위해 : 간장

요리시간 : 40분

한 조각 당 : 65Kcal
단백질 6g / 지방 2g / 탄수화물 7g

붉은 사탕무와 루콜라로 만든 호소마키

❶ 붉은 사탕무는 1/2cm 두께로 채 썬다.
❷ 루콜라는 솎아서 씻고, 물기를 뺀 다음 두꺼운 줄기를 떼어내고, 잎을 거칠게 빻는다.
❸ 와사비가루는 물 3ts에 잘 풀어서 잠깐 불린다.
❹ 준비된 재료들을 김발로 말아서 4개의 붉은 사탕무와 루콜라가 든 호소마키롤을 만든다(24p 참조).
❺ 잘 드는 칼을 식초 물에 적셔 각각의 롤을 반으로 자르고, 다시 그 반을 3개의 똑같은 크기로 자른다.
❻ 자른 면이 위로 오게해서 스시를 접시에 담고, 남은 와사비, 간장 그리고 초생강을 함께 낸다.

24조각
조리된 붉은 사탕무 150g
루콜라 50g	와사비가루 2ts
반으로 나눠 구운 김 2장
식초물
스시 밥 125g(밥을 지을 때 물의 반은 붉은 사탕 무의 즙으로 대체함)
대접을 위해: 간장	초생강

요리시간 : 20분

한 조각 당 : 24Kcal
단백질 1g / 지방 1g / 탄수화물 5g

스시

초판 1쇄 발행 — 2006년 5월 25일

지은이 : 안드레아스 푸르트마이르(외)
펴낸이 : 윤 형 두
펴낸데 : 범 우 사
등록일 : 등록 1966. 8. 3. 제 406-2003-048호
주 소 : 413-756 경기도 파주시 교하읍 문발리 525-2
전 화 : (대표) 031-955-6900~4 / FAX 031-955-6905

파본은 교환해 드립니다.
(홈페이지) http://www.bumwoosa.co.kr
(E-mail) bumwoosa@chollian.net

ISBN 89-08-04367-5 (세트)
    89-08-04373-X 04590

안드레아스 푸르트마이르
Andreas Furtmayr

자신의 취미가 직업이 된 그는 직접 요리책을 쓰고 요리책을 번역하였으며 뮌헨에서 포도주를 취급하면서 파티나 행사를 주관하고 있다. 요식업에 관심을 가지고 자신이 직접 주방에서 일하기도 한다. 요리에 대한 열정과 손님을 즐겁게 하는 것을 최고의 것으로 여기며 물론 스시와 함께다.

카이 메베스 Kai Mewes

그는 뮌헨에서 독립적인 요리 작가로서 출판과 광고 일을 하고 있다. 그의 요리 작업실 겸 스튜디오는 빅투아틴(Viktualien) 시장 근처에 있다. 사진과 요리의 향유를 일치시켜 분위기가 충만한 그림을 만드는 것이 그가 추구하는 바다

범우 쿠킹 북Cooking Book 시리즈

파스타
코르넬리아 쉰하를(외)
신국판 | 64면 | 올컬러 양장본
직접 국수 만드는 법에서부터 알맞는 작업도구까지 그림으로 제시!

스파게티
M. 크리스틀 – 리코자(외)
신국판 | 64면 | 올컬러 양장본
이탈리아 주방에서 만들어 온 전통있는 오리지널 특별 국수(스파게티) 요리!

숯불구이
안트제 그뤼너(외)
신국판 | 64면 | 올컬러 양장본
체트니 소스와 버터 혼합 요리의 진귀한 것들이 함께 실린 그릴 요리!

저지방 볶음요리
엘리자베트 되프(외)
신국판 | 64면 | 올컬러 양장본
Wok(찌개용 냄비와 프라이팬의 복합형 용기)로 즐기는 갖가지 저지방 요리!

폰듀
말리자 스즈빌루스(외)
신국판 | 64면 | 올컬러 양장본
40가지가 넘는 폰듀 조리법과 50가지가 넘는 소스 조리법을 상세히 안내!

스시
안드레아스 푸르트마이르(외)
신국판 | 64면 | 올컬러 양장본
완벽한 미키스시, 니기리 스시나 데마키를 손쉽게 만들 수 있도록 설명함.